∞

法式香甜常備點心

{回溫、加工、裝飾、上桌}

8種半成品，變化52道

季節×裸感小點

LA VIE FRIANDE

陳孝怡｜文字

殷正寰｜攝影

作者序

餐桌的日常風景

繼《法式香甜・裸蛋糕》之後，有在製作蛋糕的朋友們一定會了解，在蛋糕的製作過程中，分量其實很難拿捏得精準，一次多做一點，比「每次只做一些卻總有剩餘（浪費）」容易。這一本《法式香甜・常備點心》依舊秉持裸食的主張，提倡「剩材」的處理，甚至更進一步延伸出「常備」的概念。

「常備」不僅是在每一次的季節更替，隨著四季的變化，把季末自己喜愛的食材儲存起來，像是蜜漬水果，或是做成果醬，留待日後做點心時變化和運用。「常備」也可體現在每天的日常中，週末準備一些可保存的半成品及甜點醬，週間透過簡單加工、組合，不用花太多時間，就有香噴噴點心端上桌。

很開心看到這兩年來的收穫，除了孩子慢慢成為小一生之外，去年我們也順利得到第二個寶寶，讓家裡的小人當上了哥哥。當然，還有第二本書的誕生，在孕期中，從平日的工作和書中的照片拍攝，都是我和另一半的精心作品，很感謝另一半對於攝影作品的要求，也驚豔於拍攝的成果，對於這一切的辛苦和經歷也充滿感謝。所以嚴格說來，去年我們等於生了兩個孩子（笑）。

《法式香甜．常備點心》有別於《法式香甜．裸蛋糕》的3種蛋糕體，以8種可常備的半成品為主，更貼近我們自家的日常，從百變的鬆餅麵糊，到簡易的千層派皮運用，也包含鹹派和鹹點製作，除了展現我們家餐桌的日常風景，也希望能在你們的餐桌上延續。

目錄

CONTENTS

- 作者序 ……… 002
- 基本器具 ……… 008
- 基本甜點醬 ……… 010

Part One | 簡單上手的鬆餅 72 變

- 常備半成品〔自製鬆餅麵糊〕……… 012
- 常備甜點醬〔抹茶卡士達醬、糖煮藍莓〕……… 013
- 蜂蜜銅鑼燒 ……… 014
- 抹茶卡士達鯛魚燒 ……… 015
- 歐式煎餅早餐 ……… 016
- 甜甜圈 ……… 017

Part Two | 煮一大鍋焦糖蘋果

- 常備半成品〔焦糖蘋果〕……… 020
- 常備甜點醬〔杏仁奶油餡、蘋果奶油醬〕……… 021
- 蘋果派 ……… 022
- 反烤蘋果塔 ……… 024
- 焦糖蘋果布丁 ……… 026
- 焦糖蘋果舒芙蕾熱鬆餅 ……… 028
- 整顆焦糖蘋果塔 ……… 030

Part Three | 神奇的塔皮

- 常備半成品〔基本杏仁甜塔皮〕……… 034
- 寶寶餅乾 ……… 036
- 穩穩的檸檬塔 ……… 037
- 紫薯愛心餅乾 ……… 040
- 紫蘇無花果乳酪蛋糕 ……… 042
- 聖誕風情果醬餅乾 ……… 044
- 男孩喜愛的恐龍糖霜餅乾 ……… 046
- 秋季風味水果乳酪塔 ……… 048
- 節慶水果巧克力塔 ……… 050
- 楓糖燕麥胡桃派 ……… 052

Part Four | 簡易手擀千層派皮

- 常備半成品〔折來折去的千層派皮〕……… 056
- 蝴蝶酥 ……… 058
- 莓果千層派 ……… 060
- 國王餅 ……… 062
- 蘋果香頌 ……… 064
- 扭轉酥棒 ……… 066
- 爆漿莓果餡餅 ……… 068
- 蘆筍鮮蝦風味派 ……… 070
- 雞腿菇菇派 ……… 072
- 迷你普羅旺斯酥派 ……… 074
- 牛肝菌火腿酥捲 ……… 076
- 紅豆年糕酥派 ……… 078

目錄

CONTENTS

Part Five | 一點都不難的法式泡芙

- 常備半成品〔基本泡芙麵糊〕……… 082
- 常備甜點醬〔荔枝卡士達醬、覆盆子慕斯〕……… 084
- 法式糖脆小泡芙 ……… 086
- 甜羅勒草莓檸檬奶油泡芙 ……… 088
- 聖人泡芙 Saint-honore ……… 090
- 鹽味焦糖閃電泡芙 ……… 092
- 脆皮覆盆子荔枝泡芙 ……… 094

Part Six | 外酥內軟的分蛋海綿蛋糕

- 常備半成品〔分蛋海綿蛋糕〕……… 098
- 常備甜點醬〔糖煮桃子、馬斯卡彭乳酪餡〕……… 100
- 提拉米蘇 ……… 101
- 法式無花果蛋糕 ……… 102
- 桂花抹茶卡士達脆皮蛋糕捲 ……… 104
- 草莓巧克力夏洛特 ……… 106
- 白酒甜桃脆皮生乳捲 ……… 108

Part Seven | 好做又好吃的可麗餅

- 常備半成品〔基本可麗餅麵糊〕……… 110
- 焦糖香蕉莓果可麗餅 ……… 112
- 雞肉酪梨玉米沙拉嘉蕾特 ……… 114
- 提拉米蘇口味千層 ……… 116

Part Eight | 甜而不膩的百搭蜜紅豆

- 常備半成品〔自製蜜紅豆〕……… 118
- 常備甜點醬〔蜜紅豆馬斯卡彭乳霜、芋泥奶油餡〕……… 119
- 紅豆抹茶磅蛋糕 ……… 120
- 抹茶蜜紅豆司康 ……… 122
- 抹茶紅豆甜麵包 ……… 124
- 紅豆貝果 ……… 127
- 手作蜜紅豆年糕 ……… 130

Part Nine | 剩材變身好看的杯子甜點 trifle

- 莓果戚風 trifle ……… 132
- 蘋果派 trifle ……… 134
- 提拉米蘇 trifle ……… 136
- 千層 trifle ……… 138
- 情人節限定愛心 trifle ……… 140

基本器具 *Basic Tools*

〔 鍋具 〕

- 鋼盆（攪拌盆）
- 單手鍋

〔 攪拌器具 〕

- 打蛋器
- 耐熱刮刀
- 抹刀
- 手持及電動攪拌器

〔 測量器具 〕

- 量杯
- 量匙
- 磅秤
- 計時器
- 蛋糕探針

〔 模具 〕

- 分離式圓模
- 塔圈
- 洞洞塔圈
- 圓形切模
- 方形、長形蛋糕模
- 派盤

〔擠花器具〕

- 圓形花嘴
- 玫瑰花嘴
- Saint-Honoré 花嘴
- 拋棄式擠花袋

〔其他〕

- 擀麵棍
- 烘焙紙
- 分蛋器
- 過篩器
- 削皮器
- 榨汁器

基本甜點醬 *Basic Sauce*

檸檬凝乳

〔材料〕

檸檬皮削	1顆
鮮榨檸檬汁	1顆
全蛋	1個
砂糖	90g
無鹽奶油	30g

〔作法〕

將全蛋打散，加糖混合均匀之後，加入檸檬皮削、檸檬汁、切成小塊的奶油，以小火加熱、不斷攪拌至濃稠，即可熄火、過篩，放涼後冷藏備用。

自製莓果醬

〔材料〕

冷凍莓果	100g
砂糖	25g
水	30g

〔作法〕

將冷凍莓果、水和糖一起放入單手鍋，加熱至滾。等莓果出汁後，轉小火，煮至濃稠，再拌入新鮮莓果（分量外），放涼後冷藏備用。

自製基本焦糖醬

〔材料〕

砂糖	100g
水	25g
室溫鮮奶油	65g

〔作法〕

將糖和水倒入鍋中，加熱至琥珀色後，再加入室溫鮮奶油，攪拌均勻，放涼後冷藏備用。

自製法式酸奶油

〔材料〕

原味優格	100g
鮮奶油	400g

〔作法〕

取一個密封罐，將原味優格倒入，並加入鮮奶油後，用打蛋器攪拌均勻。然後放在室溫下約4小時，發酵至表面凝固即可。密封冷藏可保存一週。

Part One

簡單上手的鬆餅72變

蜂蜜銅鑼燒 ✦

抹茶卡士達鯛魚燒 ✦

歐式煎餅早餐 ✦

甜甜圈 ✦

常備 半成品

自製鬆餅麵糊

鬆餅通常是小朋友的最愛。現代小家電種類非常多，許多人家裡都會為了方便準備一臺鬆餅機，畢竟自己在家做最安心，而且作法也很百變喔！只需要準備一鍋鬆餅麵糊，就可以輕鬆變出很多無論大朋友或是小朋友都會喜愛的餐桌點心！不妨花一個週末準備，就能隨時舉辦一場鬆餅派對！

〔材料〕

中筋麵粉	240g
無鋁泡打粉	2小匙
全蛋	2個
砂糖	6大匙
鮮奶	160g
融化奶油	30g

〔工具〕

過篩器
攪拌盆
打蛋器

〔作法〕

1. 把雞蛋打散加入砂糖（或是砂糖和蜂蜜）混合均勻，再加入牛奶和融化奶油攪拌均勻。

2. 將麵粉和無鋁泡打粉混合過篩加入攪拌成麵糊。完成後的麵糊至少冷藏靜置半小時以上（最好的狀態是靜置一夜）。

Note

＊ 麵糊冷藏約可保存2～3天，若是不想保存麵糊，也可以將乾粉類按照比例先混合好放在密封罐裡，製作時仍可以節省一些時間。

＊ 若是喜歡蜂蜜香味，可以將材料中的砂糖，改為4大匙砂糖和2大匙蜂蜜。

常備 甜點醬 ❶

抹茶卡士達醬

1份

〔材料〕

蛋黃	1個
砂糖	20g
牛奶	130g
玉米粉	10g
抹茶粉	2g

〔工具〕

攪拌盆　耐熱刮刀
打蛋器　保鮮盒
過篩器　保鮮膜
單手鍋

〔作法〕

1. 將一半分量的砂糖（10g）加入蛋黃中，再加入玉米粉攪拌均勻後備用。
2. 剩下一半的砂糖加入牛奶中煮熱（大約65度），再加入抹茶粉攪拌均勻。
3. 準備篩子，將熱奶漿過篩加入蛋黃糊中，攪拌均勻。
4. 再倒回單手鍋中，一邊煮一邊攪拌至滑順。
5. 最後過篩至保鮮盒中，再蓋上保鮮膜，放入冰箱冷藏。

Note

＊ 卡士達醬約冷藏一小時後，即可使用。
＊ 因為含有蛋，請在2～3日食用完畢。

常備 甜點醬 ❷

糖煮藍莓

1份

〔材料〕

新鮮藍莓	少許
砂糖	少許
水	少許

〔工具〕

單手鍋
耐熱刮刀

Note

＊ 注意不要煮到整鍋水分收太乾。

〔作法〕

1. 將藍莓、水和一點糖加入鍋中，用小火煮至藍莓開始出汁。
2. 適度攪拌後，拌入新鮮藍莓，讓藍莓裹上糖漿即可。

蜂蜜銅鑼燒

2人份

變化 甜點❶

蜂蜜的香氣搭配甜而清爽的蜜紅豆，製作起來非常簡單，小孩也很愛吃。而且自己從鬆餅和蜜紅豆餡開始製作，不用花費多少時間，卻可以確保無添加物，好健康！

〔材料〕

- 鬆餅麵糊 適量
- 蜜紅豆 適量（請參考PART 8常備半成品）

〔工具〕

- 平底鍋
- 冰淇淋杓（或湯匙）

〔作法〕

1. 將平底鍋抹油後，吸乾多餘的油，再充分加熱。接著將麵糊倒入鍋中煎，等到中間起小泡泡之後適時翻面（觀察是否上色），再煎個10秒即可起鍋備用。重複相同步驟，煎出4片鬆餅。

2. 取一片鬆餅，在中間放入一球自製蜜紅豆，再覆蓋上另一片鬆餅，壓緊即可。

變化 甜點 ❷

抹茶卡士達鯛魚燒

2人份

市面上的鯛魚燒貴鬆鬆，在家裡做簡單又划算。抹茶卡士達醬也很百搭，例如將蜂蜜銅鑼燒的蜜紅豆內餡，換成抹茶卡士達醬，就能品嚐不同的口味和口感了；而鯛魚燒也可以換成蜜紅豆內餡喔！

〔材料〕

鬆餅麵糊	適量
抹茶卡士達醬	1份

〔工具〕

- 鬆餅機（鯛魚燒烤模）
- 擠壓式醬料罐

〔作法〕

1. 將鬆餅機裝上鯛魚燒模具，等到預熱完成後，將鬆餅麵糊擠入模具，約8分滿。

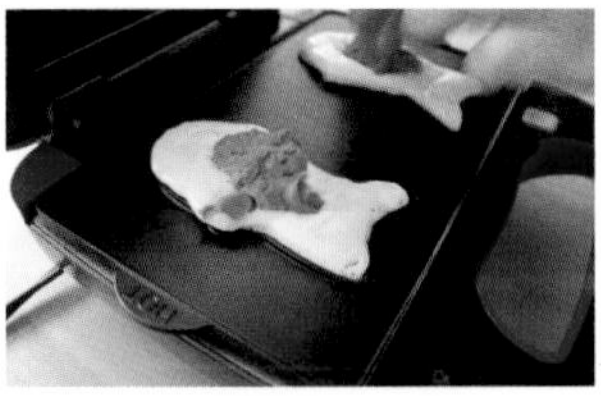

2. 在鯛魚燒的肚子位置，放上適量抹茶卡士達醬，不宜放太多，以免爆漿。接著在卡士達醬上方擠一點點麵糊遮蓋住，即可蓋上鬆餅機加熱。

3. 大約一分半，將鬆餅機翻面，再加熱約一分半，打開鬆餅機看看是否烤熟。

變化 甜點 ❸

歐式煎餅早餐

3人份

鬆餅不只當點心，做為早餐也很營養又方便。不論搭配水果、奶油或是優格，甚至搭配雞蛋、火腿、沙拉，變化多且甜鹹兩相宜。利用週末準備好半成品，平日早餐就可以快速端上桌！

〔材料〕

✦鬆餅麵糊	1份
✦糖煮藍莓	少許
✦奶油	適量

〔工具〕

✦平底鍋

〔作法〕

1. 參考p.14的作法，煎出約10～12片鬆餅，每人約要3～4片鬆餅。

2. 將煎好的鬆餅盛盤，再淋上糖煮藍莓，加上小塊奶油，讓奶油隨著鬆餅熱氣融化，就可以上桌。

Note

＊ 可以按照個人喜好搭配優格、穀片，或是其他新鮮水果。

變化甜點 ❹

甜甜圈

6~8人份

用鬆餅機做甜甜圈，簡單、零失敗，還少油脂。莓果的酸味，平衡了巧克力的甜味，清爽不膩；或是去掉白巧克力和草莓巧克力，全以70%以上的黑巧克力替代，就能做出大人的口味了。

〔材料〕

鬆餅麵糊	適量
冷凍莓果碎粒	20g
融化黑巧克力	10g
融化白巧克力	30g
融化草莓巧克力	10g

〔工具〕

鬆餅機（甜甜圈烤模）
擠壓式醬料罐
擠花袋

〔作法〕

1. 將鬆餅機裝入甜甜圈烤模，
 並預熱。

2. 將鬆餅麵糊裝入擠壓罐，擠出適量的鬆餅麵糊到烤模中，再撒上碎莓果粒，蓋上鬆餅機加熱大約一分半，將鬆餅機翻面，再加熱約一分半，打開鬆餅機看看是否烤熟。

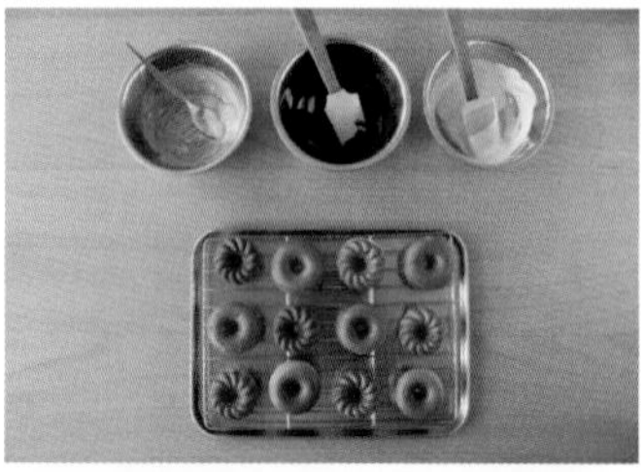

3. 按照個人的喜好分別裹上三種融化的巧克力，放冰箱冷藏數分鐘，再擠上不同顏色的巧克力線條，即完成。

Note ＊ 冷凍莓果碎粒需要先裹上少許低筋麵粉，以防融化。

Part Two

煮一大鍋焦糖蘋果

- 蘋果派 ✦
- 反烤蘋果塔 ✦
- 焦糖蘋果布丁 ✦
- 焦糖蘋果舒芙蕾熱鬆餅 ✦
- 整顆焦糖蘋果塔 ✦

常備 半成品

焦糖蘋果

除了一般的蘋果切片之外，也可以選擇整顆的蘋果來製作焦糖蘋果，尤其是小巧可愛的櫻桃蘋果，甚至是日本青森產的櫻桃蘋果，都非常適合煮成焦糖蘋果，不論是直接當作甜點或是點綴在甜點上，都非常討喜喔！

〔材料〕

大蘋果	8顆
砂糖	300g
水	75g
無鹽奶油	適量
肉豆蔻	適量
白蘭地	少許

〔工具〕

- 鍋子
- 耐熱刮刀

〔作法〕

1. 將糖和水放入鍋中煮成焦糖。加入洗淨、去皮、去核、切片的蘋果以及適量的奶油、適量的肉豆蔻以及白蘭地熬煮到收汁。放涼後裝入保鮮盒冷藏即可。

Note

* 蘋果不一定要去皮切片，也可使用去核器去除掉蘋果核，保留蘋果皮，熬煮成整顆的焦糖蘋果。

常備 甜點醬 ❶

杏仁奶油餡

1份

〔材料〕

無鹽奶油	60g
砂糖	60g
香草豆莢	1/3根
蛋黃	1個
低筋麵粉	20g
杏仁粉	60g

〔工具〕

攪拌盆
打蛋器

〔作法〕

1. 將奶油和糖放入攪拌盆中，攪拌至泛白，再加入蛋黃攪拌均勻。
2. 將麵粉和杏仁粉過篩，加入攪拌盆中，攪拌均勻。

Note

＊ 因為材料中含有蛋，所以冷藏保存以2～3日為限。

常備 甜點醬 ❷

蘋果奶油醬

1份

〔材料〕

蘋果	1個
砂糖	15g
香草豆莢	1/3根
奶油	適量
玉米粉	適量

〔工具〕

單手鍋

〔作法〕

1. 將蘋果切丁。
2. 把蘋果丁和糖、香草籽放入單手鍋中，炒至蘋果呈透明狀，再加入無鹽奶油炒香蘋果，最後加點玉米粉收汁。
3. 若想要醬料口感綿密，可以把蘋果醬打成泥；若想要吃得到蘋果塊口感，就直接使用。
4. 將蘋果醬放在密封罐裡，冷藏保存。

蘋果派

4～6人份

變化 甜點 ❶

每到秋冬時節天氣漸涼的時候，煮婦腦海中就會浮現披著毛毯，拿著一杯熱可可或熱紅酒，在飄著山嵐、冷颼颼的山上坐著賞景，一邊吃著甜點的畫面。沒錯，煮婦很愛演，然後就會想到熱呼呼、暖烘烘的蘋果派。這款蘋果派做工不複雜，雖然烘烤時間較長，卻是大人小孩都喜愛的甜點！

〔材料〕

杏仁塔皮	1份（請參考PART 3常備半成品）
焦糖蘋果	適量

〔工具〕

- 6吋塔圈
- 烘焙紙
- 擀麵棍

〔作法〕

1. 將杏仁塔皮分成兩份，其中一份擀成比6吋大的圓片後，放入塔圈，並且在底部平均戳上氣孔。

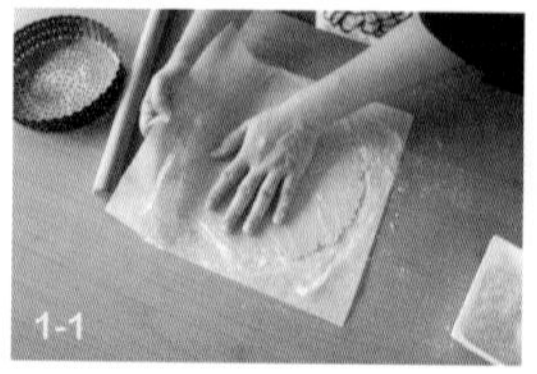
1-1

1-2

1-3

1-4

2. 放入烤箱，以125度的低溫，先烘烤25分鐘，出爐、刷上蛋白（分量外），再以175度、烘烤10分鐘上色。
3. 在烤好的塔皮裡鋪上一層焦糖蘋果，接著再鋪上去皮切片的新鮮蘋果。

2-1

2-2

3-1

3-2

4. 將另一份麵糰擀平，覆蓋在派的表面，去掉多餘派皮，再用剩下的派皮切成葉片的形狀貼在派的表面。

4-1

4-2

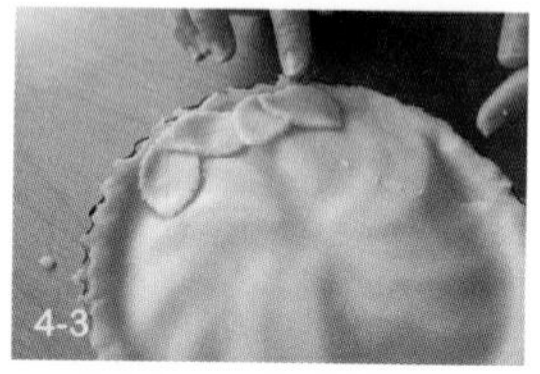
4-3

5. 四邊以小刀切口，刷上蛋白、撒上砂糖（分量外），放入預熱至180度的烤箱，烘烤約50分鐘。出爐後靜置，等完全冷卻再脫模。

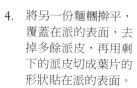

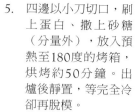

5-1

5-2

5-3

變化 甜點❷

反烤蘋果塔

6~8人份

如果覺得烤個派太麻煩，突然有朋友要來，一時半刻家裡又只有煮好的一鍋焦糖蘋果，那該怎麼辦呢？不如來做個反烤蘋果塔吧！完成後的成品亮晶晶又香噴噴！絕對讓賓客口水直流，誇讚煮婦妳好棒棒！

〔材料〕

杏仁塔皮	半份（請參考PART 3常備半成品）
焦糖蘋果	適量

〔工具〕

- 8吋分離式圓模
- 烘焙紙
- 擀麵棍

〔作法〕

1. 將分離式圓模的底部鋪上烘焙紙，把焦糖蘋果鋪滿在烘焙紙上。

1-1

1-2

2-1

2-2

2-3

2-4

2. 將麵團擀成比8吋還大的圓片，覆蓋在焦糖蘋果上方，邊緣多出來的塔皮請隨意捏成自己喜愛的形狀，但須把邊補滿。最後在塔皮上戳出均勻的氣孔。

3-1

3-2

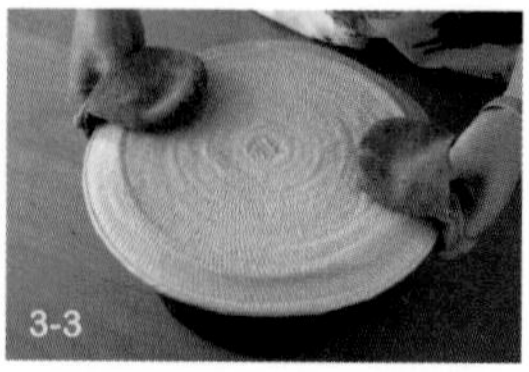
3-3

3-4

3. 放入預熱至180度的烤箱，烘烤約25～30分鐘。出爐、脫模，即可食用。

Note ＊冷藏過後再切片會比較美觀。

變化 甜點 ❸

焦糖蘋果布丁

5人份

布丁是大人小孩都熱愛的點心，尤其是自家做的真材實料、綿密口感，更是外面比不上的！那在冬季的布丁我們可以做出哪些變化呢？這時好朋友「焦糖蘋果」就派上用場囉！整顆煮到香軟的白蘭地焦糖蘋果，襯在滑順的布丁上，華麗感倍增！

〔材料〕

整顆焦糖蘋果	5顆	全蛋	2個
Ⓐ 焦糖		鮮奶	300g
砂糖	100g	鮮奶油	160g
水	25g	砂糖	90g
蛋黃	4個	香草豆莢	1/3根

〔工具〕

- 烤盤
- 布丁模
- 單手鍋
- 攪拌盆
- 打蛋器
- 耐熱刮刀

〔作法〕

1

2

3

4-1

4-2

1. 製作Ⓐ。將糖和水加入鍋中，加熱至琥珀色後，倒入布丁模（先在模具內部塗上一層薄奶油〔分量外〕），放涼備用。
2. 將蛋黃和全蛋放入攪拌盆中，加入香草籽，攪拌均勻備用。
3. 將鮮奶和鮮奶油、糖倒入鍋中，並且丟入使用過的香草豆莢，一起加熱至大約50度，熄火。
4. 將熱奶漿緩緩倒入蛋液中，邊倒邊攪拌成蛋奶漿，接著再過篩倒回單手鍋。

5-1

5-2

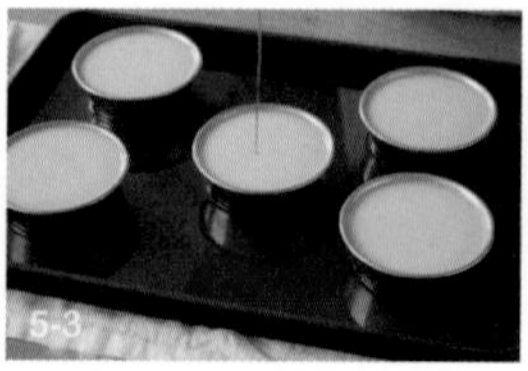
5-3

6-1

6-2

7

5. 把攪拌均勻的蛋奶漿倒入裝有焦糖的布丁模，然後在烤盤中加熱水，放入預熱至150度的烤箱，蒸烤約30分鐘，至凝固為止。
6. 放入冰箱冷藏至少3小時，用探針或小刀沿著布丁模內緣繞一圈，倒扣，即可脫模。
7. 搭配整顆的焦糖蘋果，淋上煮蘋果的醬汁，再加一點白蘭地，就是濃濃大人味的焦糖蘋果布丁。

變化 甜點❹

焦糖蘋果舒芙蕾熱鬆餅

3人份

鬆餅一向是很受女生歡迎的甜點，更何況是鬆軟的舒芙蕾鬆餅！而且這道食譜簡簡單單，不需要特別購買鬆餅粉，就可以在家輕鬆製作。搭配上視覺百分百的焦糖小蘋果，為樸實的鬆餅增添暖冬的氣息。

〔材料〕

整顆焦糖蘋果	3顆	鮮奶	16g
全蛋	2個	低筋麵粉	46g
砂糖	16g	無鋁泡打粉	3g
無蛋美乃滋（市售）	4g	香草豆莢	少許
檸檬汁	6g	自製基本焦糖醬	適量（請參考p.10）

〔工具〕

- 攪拌盆
- 攪拌器
- 耐熱刮刀
- 平底鍋
- 冰淇淋杓
- 打蛋器
- 過篩器

〔作法〕

1. 將蛋黃、蛋白分開，分別放入2個攪拌盆中。把美乃滋、檸檬汁、鮮奶及香草籽倒入蛋黃攪拌盆中，攪拌均勻。
2. 把低筋麵粉和泡打粉混合過篩，加入蛋黃攪拌盆中，攪拌成麵糊。

1-1

1-2

2-1

2-2

3. 把砂糖倒入蛋白中，打發至用攪拌器舀起呈小彎勾。然後分次輕輕混入蛋黃麵糊中，攪拌均勻。
4. 小火加熱平底鍋，在鍋中加一點點奶油（分量外），塗抹均勻後用紙巾抹去多餘的油脂。接著以冰淇淋杓舀一匙麵糊，放入平底鍋，一匙為一片的分量。

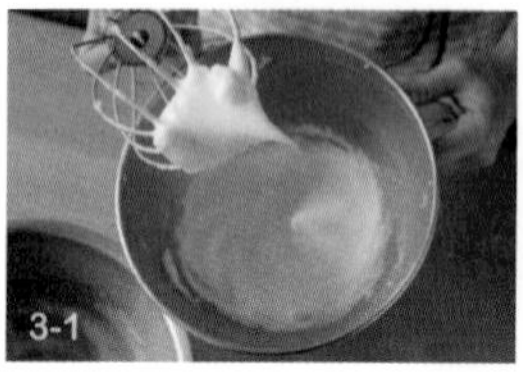
3-1

3-2

4-1

4-2

5. 以小火慢煎，加一點水、蓋上鍋蓋，正反面各煎30秒即可盛盤。
6. 裝飾上一點奶油塊，以及一整顆的焦糖蘋果，淋上自製基本焦糖醬，即可食用。

5-1

5-2

5-3

6

變化 甜點 ❺

為了增添甜點的好感度，我們可以運用水果本身的特性來製作可愛又口感豐富的甜點。像是將一整顆的焦糖蘋果放在口感酥鬆又有燕麥嚼勁的小塔上，頓時讓樸實的塔變得更加可口。

整顆焦糖蘋果塔

4人份

〔材料〕

整顆迷你焦糖蘋果	4顆
杏仁塔皮　適量（請參考PART 3常備半成品）	
杏仁奶油餡	1/2份
蘋果奶油醬	適量
Ⓐ燕麥奶酥	1份
中筋麵粉	30g
燕麥	30g
砂糖	30g
無鹽奶油	30g

〔工具〕

- 塔圈4個（較高的）
- 攪拌盆
- 擀麵棍
- 烘焙紙

〔作法〕

1. 將塔皮擀平，用塔圈切成一個個圓形。

2. 在塔圈下方和內側鋪上烘焙紙，再放入杏仁塔皮，捏成圓筒狀，並用叉子戳出氣孔。

3. 填入杏仁奶油餡，再鋪上蘋果奶油醬，然後放入烤箱，以170度烘烤約20分鐘，出爐備用。

4. 把Ⓐ燕麥奶酥的材料全部用手捏均勻，勿過度揉捏，呈粗粒狀即可。

5. 將奶酥鋪在步驟3出爐的塔面上，再放入烤箱烤約10分鐘，出爐放涼後脫膜。

6. 把整顆迷你焦糖蘋果裝飾在奶酥蘋果塔上，並在蘋果中央填入蘋果奶油醬，即完成。

Note ＊ 剩餘的材料可冷凍保存，下次再做喔。

Part Three
神奇的塔皮

寶寶餅乾 ✦
穩穩的檸檬塔 ✦
紫薯愛心餅乾 ✦
紫蘇無花果乳酪蛋糕 ✦
聖誕風情果醬餅乾 ✦
男孩喜愛的恐龍糖霜餅乾 ✦
秋季風味水果乳酪塔 ✦
節慶水果巧克力塔 ✦
楓糖燕麥胡桃派 ✦

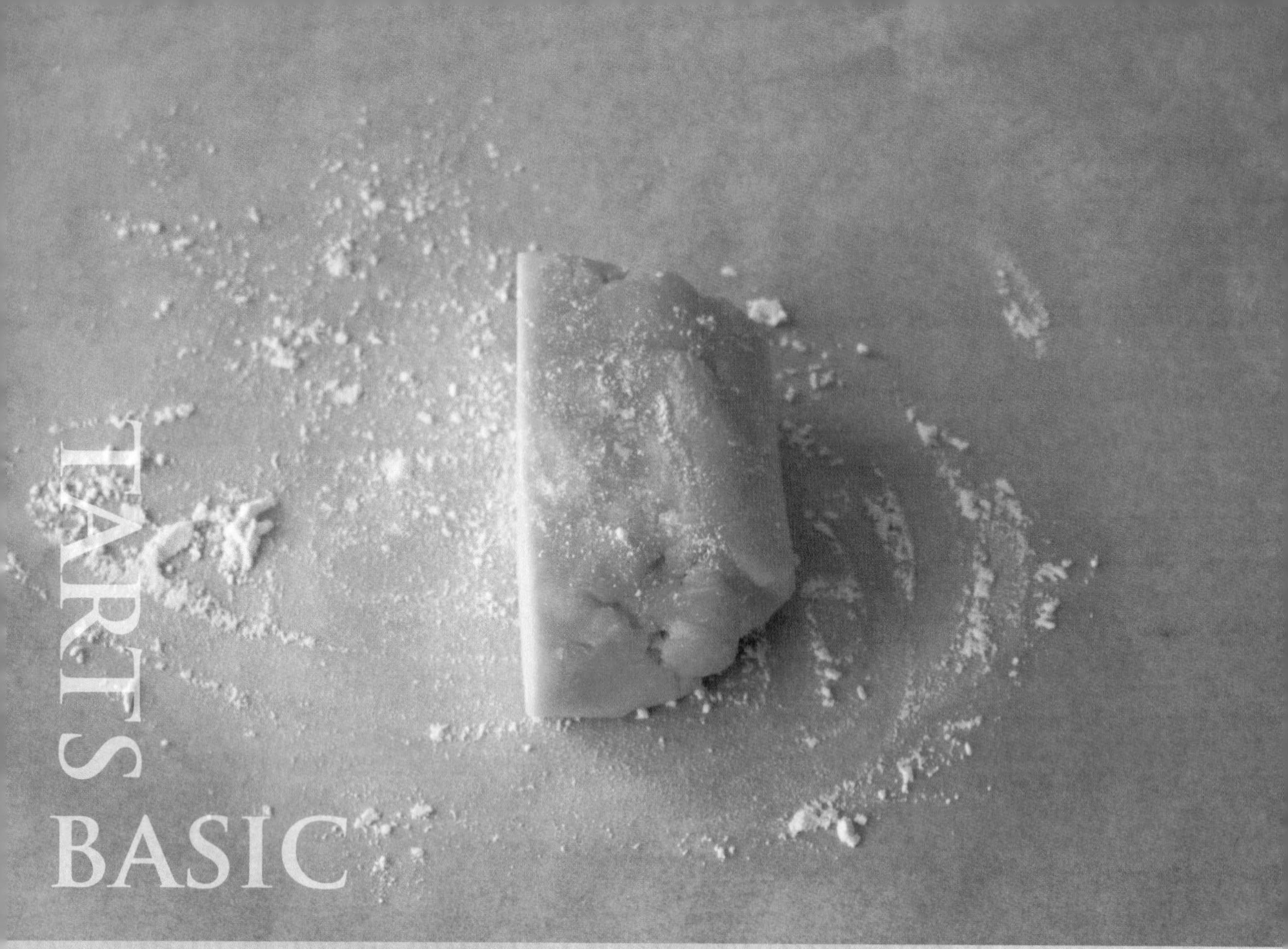

常備 半成品

基本杏仁甜塔皮

加了杏仁粉的酥脆塔皮非常萬能，只要有了它，不論是餅乾、塔派、乳酪蛋糕都可以輕鬆做，可說是家庭必備的常備半成品。本章示範了好幾種不同變化的餅乾，都以杏仁塔皮為基底，材料、作法都很簡單，忙碌的主婦們，一定要來體會一下神奇塔皮的力量喔！

〔材料〕

室溫奶油	150g
砂糖	100g
蛋黃	1個
低筋麵粉	220g
杏仁粉	20g

〔工具〕

- 攪拌盆
- 攪拌器
- 耐熱刮刀
- 過篩器

Note

＊ 醒麵的時間比較理想是1小時，而最少需要30分鐘。
＊ 完成的塔皮可冷藏或是冷凍保存約3～5天。

〔作法〕

準備一個攪拌盆，將室溫奶油和糖攪打至蓬鬆的狀態後，加入蛋黃攪拌均勻，再加入過篩的低筋麵粉、杏仁粉攪拌均勻，然後整形成麵糰，最後用保鮮膜包覆，放入冰箱冷藏至少30分鐘再使用。

1-1

1-2

1-3

1-4

1-5

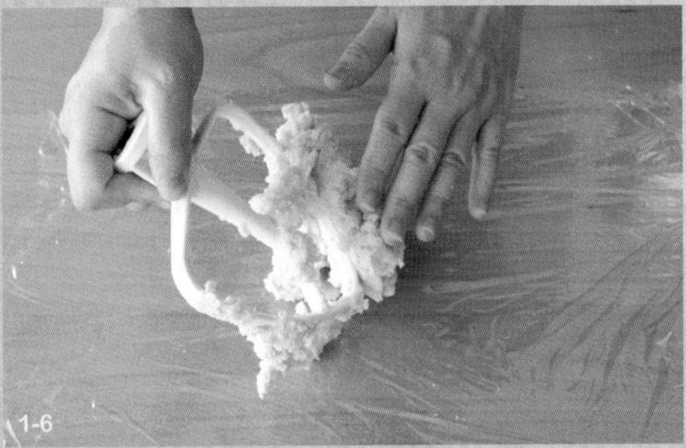
1-6

1-7

1-8

寶寶餅乾

3人份

變化甜點❶

這是一道寶寶餅乾，卻也是好好吃的奶油酥餅！善用手邊的工具，即使沒有專業的烘焙工具，也一樣可以烤出好可愛又好好吃的寶寶餅乾。

〔材料〕

- 基本杏仁甜塔皮 50g

〔工具〕

- 擀麵棍
- 烘焙紙
- 圓形切模

〔作法〕

1. 切取約50g塔皮，等塔皮稍微回溫之後，在工作檯上撒些麵粉，並將塔皮擀成四方形，厚度約3～5mm，再用圓形切模（也可以拿杯子倒扣）切出一個一個圓片。

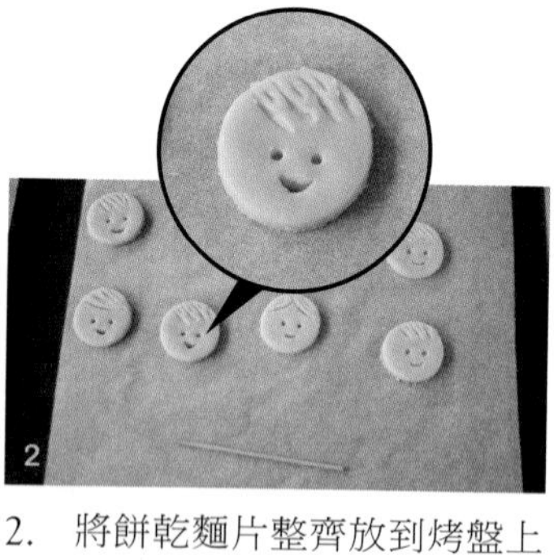

2. 將餅乾麵片整齊放到烤盤上（事先鋪好烘焙紙），再取一枝竹籤在麵片上畫出可愛的寶寶表情。

3. 把繪製好的寶寶餅乾送進預熱至175度的烤箱，烘烤約13～15分鐘，烤至上色即可出爐，放涼後食用。

Note

＊ 這道食譜很方便，只要將塔皮保存在冰箱裡，想吃的時候，切一小塊就可以立即烤、立即上桌。

＊ 塔皮擀的厚度可以視個人喜歡的口感決定，看是想要吃厚一點或是薄一點皆可，但烘烤時間也需要按照擀麵的厚薄增減喔。

穩穩的檸檬塔

4人份

變化甜點 ❷

有時候方方正正的不也挺好嗎？沒有必要把自己磨到這麼圓滑吧！喜歡黑咖啡、喜歡沉穩的色調和內斂的感覺，或是覺得一般的檸檬塔太甜膩？那就來試試這款口感單純、帶著香酥和酸溜滑順的穩穩檸檬塔吧！重點是，他簡單到讓你家半小時變網紅咖啡館！

〔材料〕

Ⓐ 基本杏仁甜塔皮	50g
Ⓑ 酸溜檸檬乳霜	適量
糖粉	65g
奶油	100g
全蛋	2個
檸檬	2.5顆
吉利丁	1片

〔工具〕

- 擀麵棍
- 單手鍋
- 耐熱刮刀
- 攪拌盆
- 攪拌器
- 擠花袋
- 圓形花嘴
- 打蛋器

〔作法〕

Ⓐ 烤餅乾

先將塔皮擀成厚厚的方形，再切割成大約7×5cm的長方形，並用叉子戳上孔洞，放入預熱至175度的烤箱，烘烤約17分鐘，上色後放涼備用。

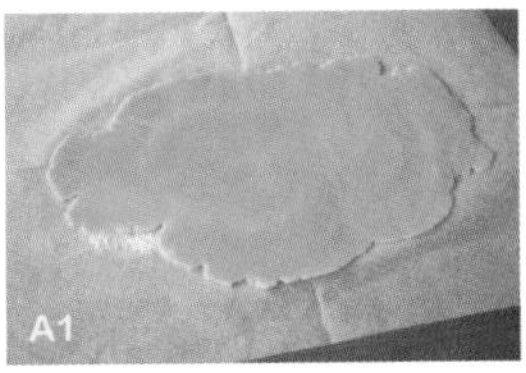
A1

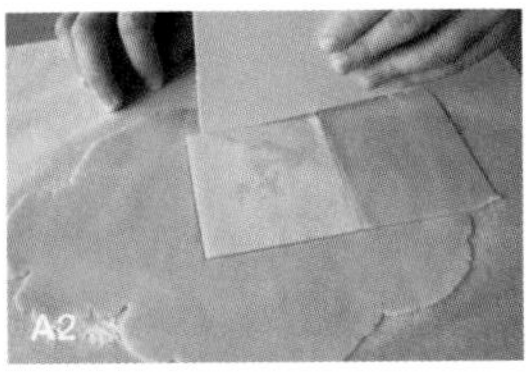
A2

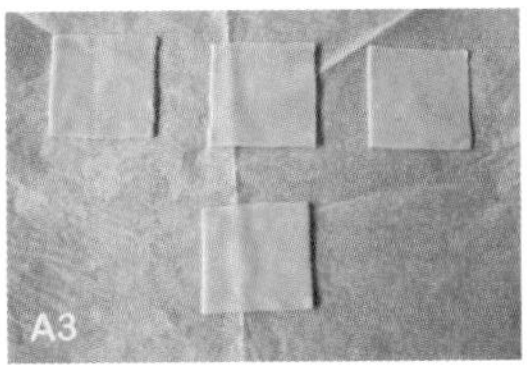
A3

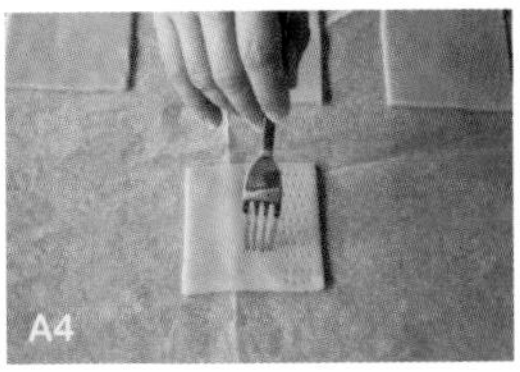
A4

Ⓑ 酸溜檸檬乳霜

1. 先將100g奶油切塊，放在室溫中軟化至手指輕按就有壓痕的程度，不需要放至過軟，以免操作困難。
2. 把吉利丁剪成小片泡在冰水裡，至少20分鐘至軟化。

B1

B2

B3-1

B3-2

B3-3

B3-4

3. 取一只單手鍋，將糖粉、檸檬皮削，以及檸檬汁、打散的全蛋攪拌均勻後，以小火一邊煮一邊攪拌（不能停下來喔）至凝乳狀態，再加入軟化的吉利丁攪拌均勻，過篩放涼。

B4-1

B4-2

B4-3

4. 將冷卻的檸檬蛋醬和室溫奶油放入攪拌盆中，以攪拌器攪打成乳霜狀。

組合 把放涼的塔皮放在工作檯上，將檸檬乳霜裝入擠花袋，搭配圓形花嘴，在塔皮上擠出一球一球的乳霜，最後再裝飾一點檸檬皮削，即完成！

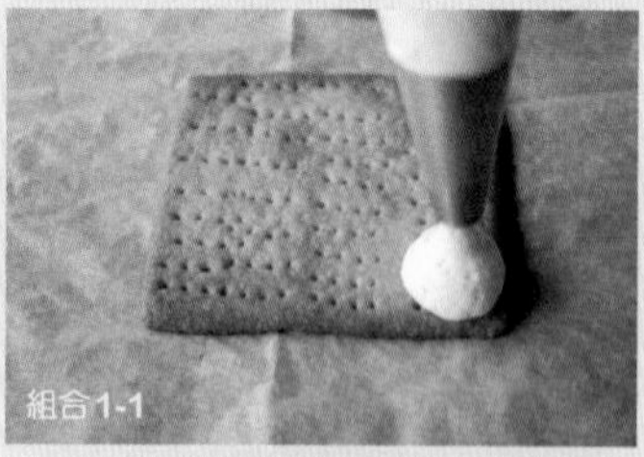
組合1-1

組合1-2

組合1-3

Note ＊ 若是家裡剛好有多做的義式蛋白霜和糖漬柳橙，也可以加以點綴，中和酸味。

變化 甜點❸

紫薯愛心餅乾

4～6人份

學會寶寶餅乾之後來一點變化吧！利用紫薯粉的顏色，稍微多幾個步驟，把麵團揉成討喜的心形，就可以把餅乾變得有趣又好吃喔！一次多做一些放冷凍庫，朋友來拜訪的時候，咻一下就可以變出好多好多餅乾！

〔材料〕

基本杏仁甜塔皮	半份
紫薯粉	20g

〔工具〕

- 擀麵棍
- 烘焙紙
- 保鮮膜

〔作法〕

1. 半份塔皮請取1/3回溫，並加入紫薯粉拌揉成紫色的麵糰，然後將麵糰搓成細圓柱，取一根竹籤在麵糰上壓出凹痕，做為心形的凹處，並且在對應的下方位置將麵糰捏尖。最後小心地將麵糰用保鮮膜包住，放冷凍庫定型約20分鐘。

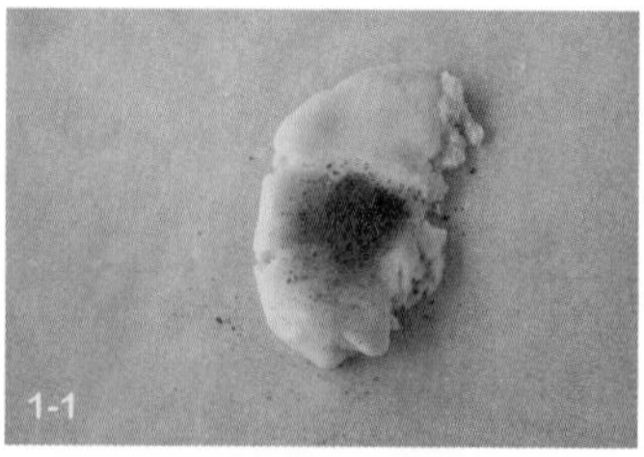

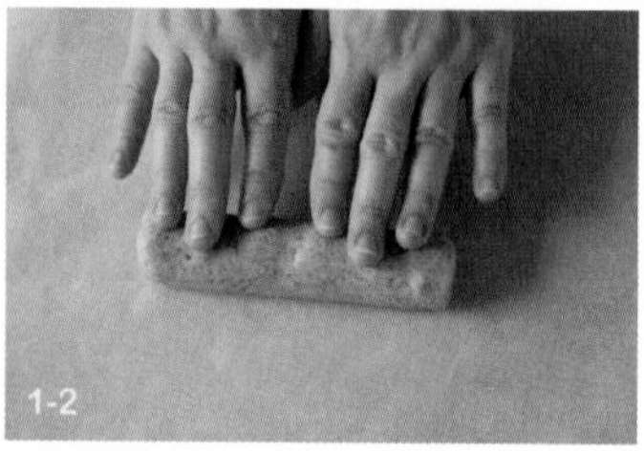

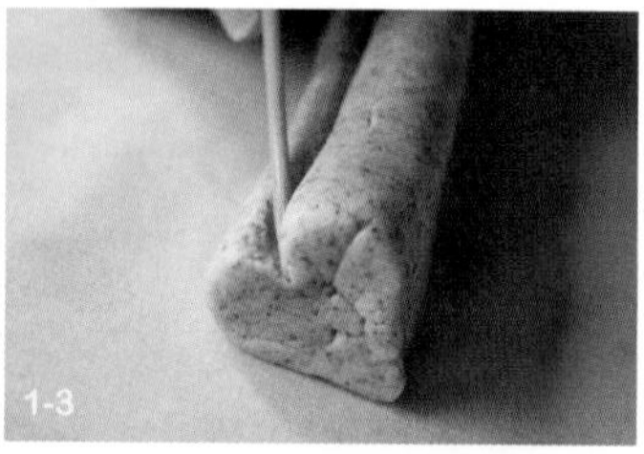

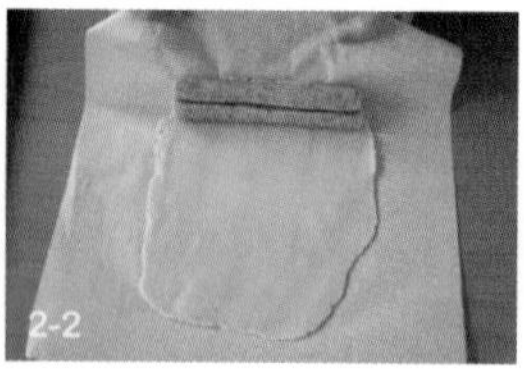

2. 將另外2/3塔皮擀成長方形，將定型的紫薯愛心麵糰用長形麵糰捲起，要注意凹陷處有確實包住。將完成的麵糰滾成圓柱狀，並用保鮮膜包起來，放入冷凍庫定型。
3. 將定型的餅乾條切片，相隔適當距離排在烤盤上（事先鋪好烘焙紙）。烤箱以上火170度、下火160度預熱，放入餅乾，烘烤約16分鐘出爐，放涼即完成。

Note

＊ 紫薯粉的用量可按照自己喜愛的顏色深淺來自行調整。

＊ 烘烤的溫度和時間請以自家烤箱的溫度和個人喜好為準，但是烤太久紫薯餅乾的顏色會過深，請多注意喔。

Moka
Noisette

紫蘇無花果乳酪蛋糕

4～6人份

變化 甜點 4

自製紅紫蘇糖漿搭配新鮮無花果和奶油乳酪，不只味道新穎、清爽不甜膩，以杏仁塔皮為底，口感也很有層次喔！紅紫蘇糖漿還可以加氣泡水，變成氣泡飲，不妨當成家庭常備的甜點醬。

〔材料〕

奶油乳酪	168g
原味優格	60g
鮮奶油	38g
蛋白	45g
砂糖	15g

A 紅紫蘇糖漿	55g
紅紫蘇葉25片	
砂糖150g	
水75g	
基本杏仁甜塔皮	一小塊

〔工具〕

- 6吋分離式圓模
- 單手鍋
- 耐熱刮刀
- 攪拌盆
- 打蛋器
- 攪拌器

〔作法〕

1. 將紅紫蘇葉片摘下，洗淨撕碎，加水打成汁，再倒入單手鍋中，加入150g糖，熬煮到糖融化，就完成Ⓐ紅紫蘇糖漿。

1-1

1-2

1-3

1-4

2. 取一小塊塔皮，擀成跟模具底部一樣大小，戳洞，放入模具中（事先鋪好烘焙紙），以預熱至190度的烤箱，烘烤約17分鐘，放涼備用。

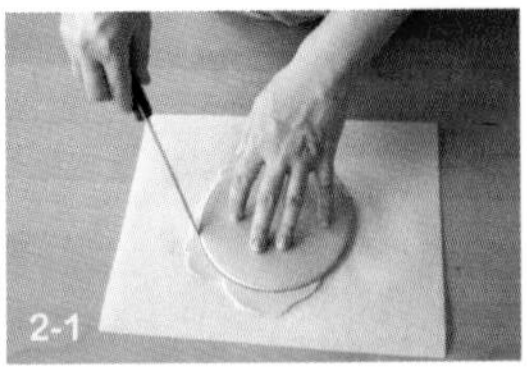
2-1

2-2

2-3

3. 將奶油乳酪放入攪拌盆中，用打蛋器打成乳霜狀，再加入砂糖攪拌均勻，接著再加入55g的紫蘇糖漿，攪拌均勻。最後依序將蛋白、優格和鮮奶油倒入，邊加邊攪拌至均勻。

3-1

3-2

3-3

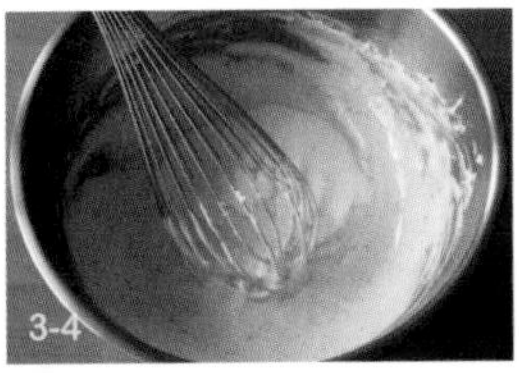
3-4

4. 把乳酪糊加入放涼的塔底模具中，用隔水蒸烤的方式，放入預熱至190度的烤箱，烘烤10～15分鐘，接著降溫至120度，烘烤約55～60分鐘出爐。
5. 出爐後完全放涼，才可脫模，最好蓋上保鮮膜、放冰箱冷藏一晚，隔天裝飾上切片無花果，淋上一點蜂蜜，即完成。

4-1

4-2

5-1

5-2

5-3

Note ＊紅紫蘇糖漿取55g使用後，剩餘的可以做成氣泡飲喔！

聖誕風情果醬餅乾

2～4人份

變化 甜點 ❺

聖誕節大家都會準備應景的小點心，這道食譜運用塔皮和簡易莓果醬，就能製作討人喜歡的果醬餅乾，讓大人小孩一口接一口吃不停！

〔材料〕

✦ 基本杏仁甜塔皮	半份
✦ Ⓐ 簡易覆盆子果醬	適量
冷凍覆盆子	150g
砂糖	50g
檸檬汁	半顆
水	50g
使用過的香草豆莢	

〔工具〕

- ✦ 單手鍋
- ✦ 耐熱刮刀
- ✦ 擀麵棍
- ✦ 聖誕造型餅乾模具
- ✦ 圓形花嘴

〔作法〕

1. 將Ⓐ覆盆子果醬的材料全部放入鍋中，以小火煮至收汁，放涼備用。
2. 將塔皮擀平，可以撒一些手粉防止沾黏。準備各式應景模具，將模具切割的那一端沾上一些麵粉，在塔皮上按壓出形狀。因為是夾心餅乾，所以每種圖案需要按壓2片。
3. 將每一組夾心餅乾的其中一片用花嘴在中央壓出空洞，接著放入預熱至170度的烤箱，烘烤約13分鐘，出爐放涼。

1

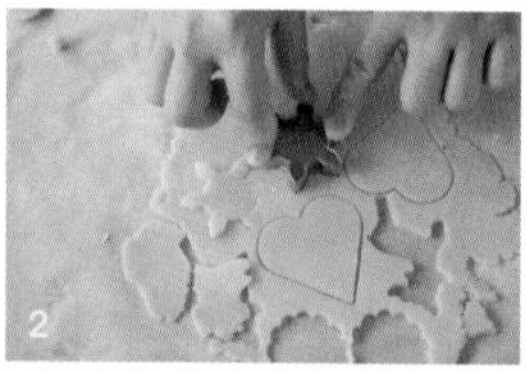
2

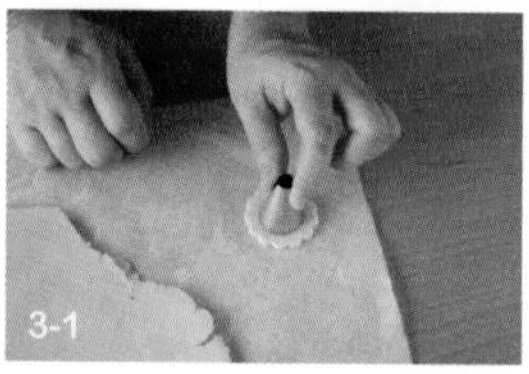
3-1

3-2

4-1

4-2

4. 在沒有挖洞的餅乾上，抹一點覆盆子果醬，再蓋上有洞的另一半，即完成。

Note

＊ 自製夾心餅乾宜現做現吃，不宜久放喔！

＊ 即使不是聖誕節，也可以選擇自己喜歡的餅乾模具來製作這道點心。

變化 甜點 6

男孩喜愛的恐龍糖霜餅乾

3人份

小男孩進入新環境（上幼稚園）很需要交朋友，媽媽常用這招幫他聯絡同學的感情（笑）。只需要準備好麵團，以及一點點糖霜和一副帥氣的恐龍模具，非常簡單，好媽媽們歡迎如法炮製！

〔材料〕

✦ 基本杏仁甜塔皮	半份
✦ Ⓐ 糖霜	
糖粉	40g
水	5g

〔工具〕

- ✦ 攪拌盆
- ✦ 耐熱刮刀
- ✦ 擀麵棍
- ✦ 擠花袋

〔作法〕

1. 製作Ⓐ。將糖粉和水倒入容器中，並用刮刀充分攪拌至濃稠，即可裝入擠花袋備用。
2. 將塔皮擀平成約2～3mm厚度的麵片，如果塔皮在擀的過程中軟化，擀完後可以蓋上保鮮膜，放入冷凍庫冷藏定型約10分鐘再取出使用。
3. 將模具準備好，並在手粉上按壓一下，讓模具裹上一點粉，這樣在切麵皮的時候比較不會沾黏。完成這個小動作之後，便可在麵皮上切割出恐龍形狀的餅乾片。
4. 壓出細部紋路，再將完成的麵皮，放到烤盤上（事先鋪好烘焙紙），接著放入預熱至175度的烤箱，烘烤約15～18分鐘上色，即可出爐放涼。
5. 將Ⓐ糖霜擠在細部紋路上，並放置一會兒等待乾燥，即完成。

1

2

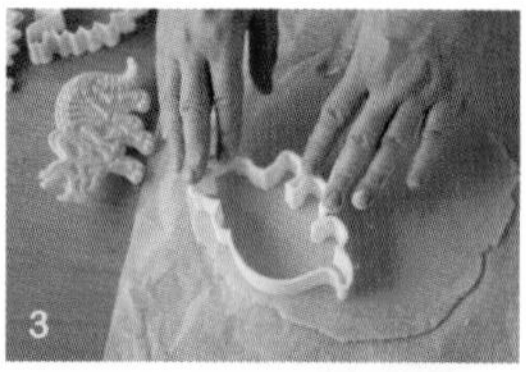
3

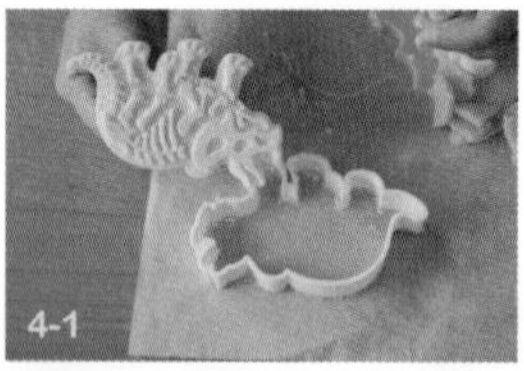
4-1

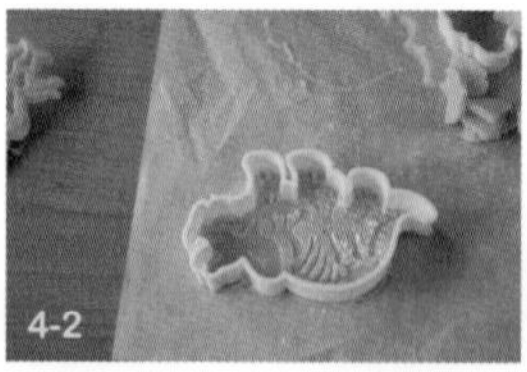
4-2

4-3

5-1

5-2

秋季風味水果乳酪塔

4～6人份

秋意漸涼，市面上出現了許多橘紅、楓紅色的水果，略帶點綠意。只要用楓糖去除掉秋季水果特有的蕭瑟氣息，就可以做一款暖心的家庭乳酪塔喔。

〔材料〕

✦基本杏仁甜塔皮	半份
✦Ⓐ乳酪餡	
奶油乳酪	100g
砂糖	20g
楓糖	15g
原味優格	60g
全蛋	1個
檸檬汁	1小匙
玉米粉	半小匙

✦Ⓑ楓糖鮮奶油香緹	
鮮奶油	120g
楓糖	12g
✦秋季水果	適量
（甜柿、無花果、石榴、綠葡萄）	

〔工具〕

✦長型模具一個（25cm×10cm×2.5c

✦擀麵棍 ✦烘焙紙 ✦攪拌盆 ✦攪拌器

〔作法〕

1. 將模具抹上一層奶油（分量外）並撒上一層薄薄的麵粉，放入冷凍庫備用。

1-1

1-2

2-1

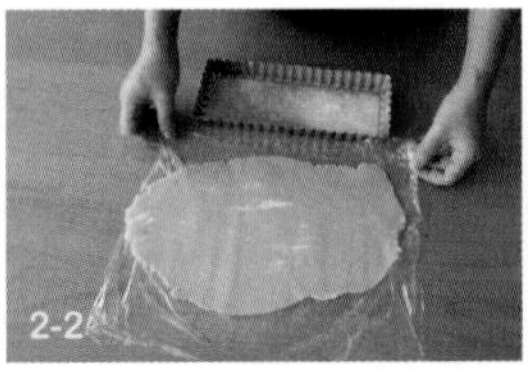
2-2

2-3

2-4

2. 把塔皮擀成比模具大的長方形，蓋上保鮮膜，撕去烘焙紙，將塔皮入模，四邊稍微壓緊，去除掉多餘的麵皮後，在塔底戳洞，放入冷凍庫定型。
3. 將奶油乳酪和砂糖、楓糖攪拌均勻後，加入優格、雞蛋和檸檬汁、玉米粉攪拌均勻，做成Ⓐ乳酪餡。

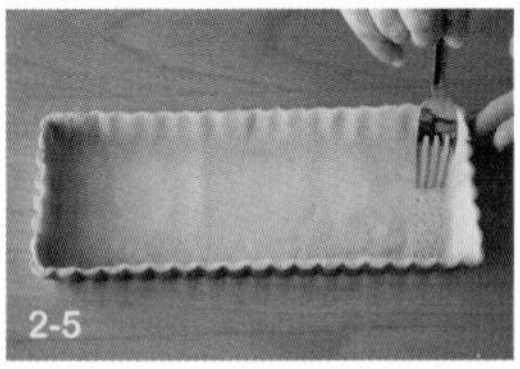
2-5

3-1

3-2

3-3

3-4

3-5

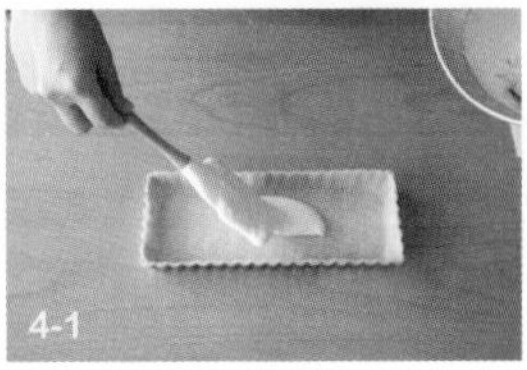
4-1

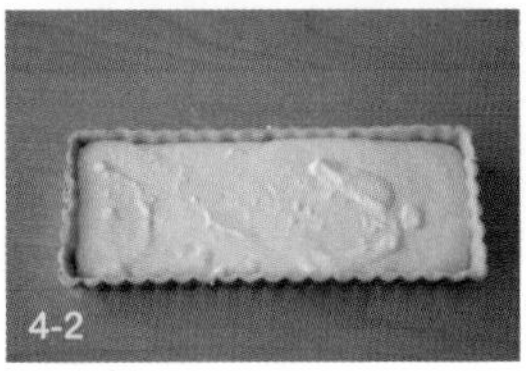
4-2

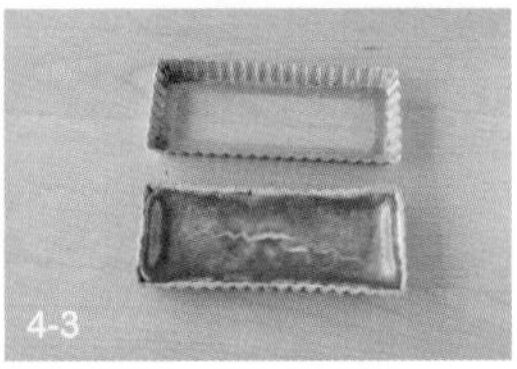
4-3

4. 把乳酪餡填入定型的塔皮中，放入以上下火160度預熱的烤箱，烘烤約45～55分鐘（視上色程度以及自家烤箱溫度而定）後，放涼脫模。
5. 把鮮奶油加入楓糖漿，打至七分發，做成Ⓑ楓糖鮮奶油香緹，抹在完全冷卻的乳酪塔表面，再鋪上秋季水果，上桌前淋一點楓糖即完成。

5-1

5-2

5-3

5-4

節慶水果巧克力塔

4～6人份

把可可粉加入塔皮裡，做一款有節慶風味的水果巧克力塔吧！

〔材料〕

✦ 基本杏仁甜塔皮	半份
✦ 無糖可可粉	10g
✦ Ⓐ 巧克力內餡	
鮮奶	130g
鮮奶油	120g
蛋黃	2個
巧克力	190g
白蘭地	10g

〔工具〕

- ✦ 6吋洞洞塔圈
- ✦ 擀麵棍
- ✦ 單手鍋
- ✦ 耐熱刮刀
- ✦ 打蛋器

Note

＊ 這道食譜使用的塔圈較高，若不是用類似的模具，請把內餡分量減半。

〔作法〕

1. 先將模具塗上奶油（分量外）和撒上麵粉，放入冷凍庫冷藏備用。

1-1

1-2

2-1

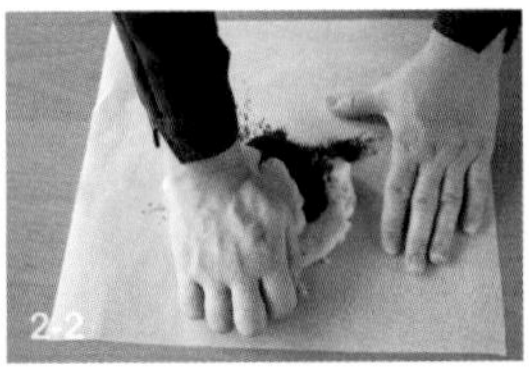
2-2

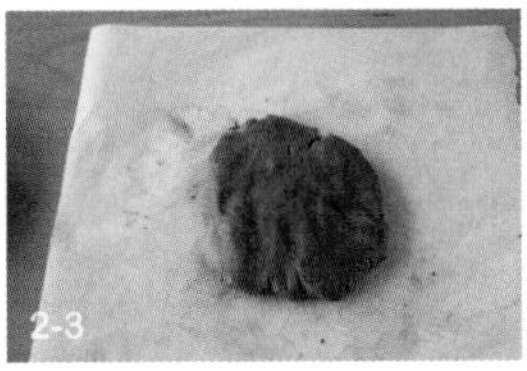
2-3

2-4

3-1

3-2

3-3

3-4

2. 取半份塔皮回溫後壓軟，以折疊的方式混入無糖可可粉，製成可可塔皮，並擀成比6吋還大的圓片。
3. 將塔皮入模，壓緊塔四周，去除多餘的麵皮，放入冷凍庫冷藏備用。

4

5-1

5-2

5-3

5-4

4. 將塔皮放入預熱至175度的烤箱，烘烤約18～20分鐘上色，接著在塔皮表面塗上一層蛋白（分量外），再放回烤箱烤1分鐘，出爐放涼、脫模備用。
5. 製作Ⓐ巧克力內餡。取一只單手鍋，將鮮奶、鮮奶油放入鍋中煮至沸騰後，快速加入蛋黃攪拌均勻，再把鍋中的熱蛋奶漿倒入裝有巧克力的容器中，靜置幾分鐘，然後用打蛋器將巧克力和蛋奶漿攪拌成滑順的巧克力內餡，並加一點白蘭地攪拌均勻。
6. 把巧克力內餡倒入烤好放涼的塔中，放入冷凍庫冷藏定型約30分鐘，最後裝飾上美麗的水果、堅果碎粒和香草植物即完成。

6-1

6-2

變化 甜點 9

楓糖燕麥胡桃派

4～6人份

相當營養又有飽足感的一道甜點，樸實的外觀十分像是歐陸小酒館的甜點選項，如果哪天要來個小酒館之夜，千萬別忘了這道甜點！

〔材料〕

基本杏仁甜塔皮	半份
奶油	27g
黑糖	100g
全蛋	2個
楓糖	53g
香草豆莢	1/3根
鹽	少許
蔓越梅乾	40g
紅酒醋	1小匙
燕麥片	30g
胡桃	65g

〔工具〕

- 6吋洞洞塔圈
- 擀麵棍
- 單手鍋
- 耐熱刮刀

〔作法〕

1. 先將模具塗上奶油（分量外）和撒上麵粉，放入冷凍庫冷藏備用。
2. 將塔皮擀成比6吋大的圓形，並將塔皮鋪在模具內稍微壓緊，去除掉多餘的麵皮，放入冷凍庫約10分鐘。

1-1

1-2

2-1

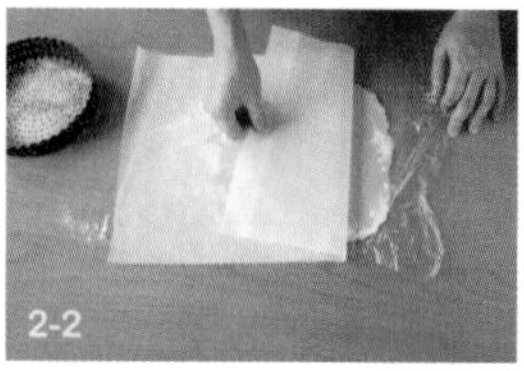
2-2

2-3

2-4

3. 取出塔皮，放入預熱至180度的烤箱，烘烤約15分鐘上色，接著刷上一層蛋白（分量外），再回烤1分鐘，使蛋白在塔皮上形成一層保護模。

3-1

3-2

4. 取一只單手鍋，將奶油以小火加熱融化後離火，快速加入黑糖攪拌均勻，再加入打散的蛋液、楓糖、香草籽、紅酒醋和鹽攪拌後，再回到爐上，以低溫加熱至均勻後離火，加入胡桃和燕麥拌勻備用。

5. 把蔓越梅乾鋪在烤好的塔底，並在塔皮邊緣塗上蛋白，撒上些許砂糖，再倒入步驟4完成的餡料，稍微整理後，放進預熱至165度的烤箱，烘烤40分鐘，直到烤熟為止。
6. 完成後的塔請靜置放涼後再脫模，冷藏後切片食用，切面會比較漂亮。

Part Four
簡易手擀千層派皮

- 蝴蝶酥
- 莓果千層派
- 國王餅
- 蘋果香頌
- 扭轉酥棒
- 爆漿莓果餡餅
- 蘆筍鮮蝦風味派
- 雞腿菇菇派
- 迷你普羅旺斯酥派
- 牛肝菌火腿酥捲
- 紅豆年糕酥派

常備 半成品

折來折去的千層派皮

對於這種「看起來」很複雜的作業程序真的需要一回生，二回熟。每次想到要做派皮，就會心裡百般不願意，但完成後心裡會有某種神奇的安定感，想著冰箱裡還有些庫存，可以變換出哪些花樣，諸如此類的煮婦小劇場。總而言之，千層派皮是累一次可以開心一陣子的必備半成品，這不就是常備點心的精髓所在嗎？

〔材料〕

中筋麵粉	250g
食鹽	5 g
無鹽奶油	63g
水	125g
無鹽奶油	125g（室溫軟化）

〔工具〕

擀麵棍
保鮮膜
攪拌盆

〔作法〕

1. 把中筋麵粉和鹽、63g無鹽奶油切小塊後，混合均勻，加入冷水，用手攪拌成團。

2. 用保鮮膜把麵糰包好，放冰箱冷藏約15分鐘。

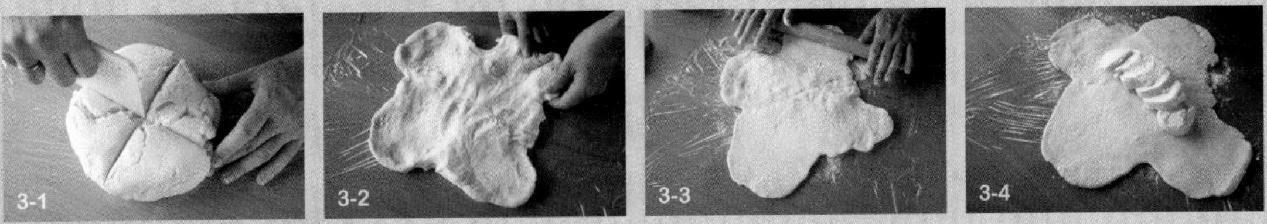

3. 在醒好的麵糰中央畫上十字，並且用手往四方推開，稍微擀平，將軟化的125g室溫奶油放在麵糰十字的中央。

4. 按照上、下、左、右的順序，將四邊麵片往中間包覆住奶油，稍微壓一下，再擀成長條狀。途中可以撒上少許的手粉，以防奶油被擠出或是麵糰破掉。

5. 擀好的長條形麵糰由上往下折、再由下往上折，折完後將開口朝向左邊。再把麵糰擀成長條狀，重複一次由上往下折、再由下往上折的動作後，用保鮮膜包好，放進冷凍庫醒麵15～20分鐘。

6. 拿出麵糰，撕下保鮮膜，開口朝向左邊，再繼續擀成長條形，然後由上往下折、由下往上折，將麵糰再包住，放入冰箱醒麵約15～20分鐘。

7. 最後以同樣的方式再折疊、擀平2次，即完成。將完成的麵糰分割成2份，放進冷凍庫保存，使用的前一天拿出來退冰即可。

變化 甜點❶

蝴蝶酥

2～4人份

在法國的時候，朋友常在超市買這種蝴蝶酥回家解饞，但開始做點心了才知道，原來一盒這麼貴的點心，在家就可以輕鬆上手啊！現在就來動動手做做看吧！

〔材料〕

✦ 千層派皮	半份
✦ 砂糖	適量
✦ 蛋白	適量

〔工具〕

- ✦ 擀麵棍
- ✦ 刷子

〔作法〕

1. 把派皮擀成大約20×20cm的正方形，然後放入冷凍庫約10～15分鐘定型。
2. 抹上一層蛋白液，撒上足夠的砂糖，再把派皮翻面，抹蛋白液和撒糖。
3. 將左右的酥皮分別往內折1/4，再折1/4，然後將兩邊對折成一長條。
4. 用刀子將派皮切成1cm的短段，平放在烤盤上，放進預熱至180度的烤箱，烘烤約15分鐘，翻面，再烤5分鐘至上色即可。

1-1

1-2

1-3

2-1

2-2

3-1

3-2

3-3

4-1

4-2

4-3

Note ＊ 每一家烤箱的溫度不盡相同，上述時間為參考值，請顧好烤箱以免燒焦。

莓果千層派

6～8人份

變化 甜點 ❷

這種看起來像高級法式甜點店才會出現的甜點，也可以輕鬆出現在家裡喔！一杯熱茶或咖啡，搭配著好吃的千層派，千變萬化的莓果組合，信手拈來，就可以和家人一起度過美好的午後時光。

〔材料〕

千層派皮	1份
砂糖	適量
莓果	適量
香草鮮奶油香緹	適量（請參考p.138）

〔工具〕

- 擀麵棍
- 烘焙紙
- 重烤盤
- 抹刀
- 擠花袋
- 玫瑰花嘴

〔作法〕

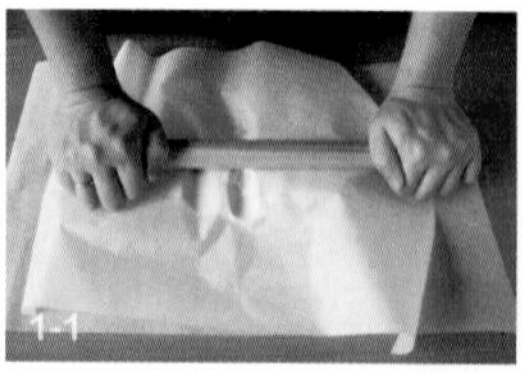
1-1

1-2

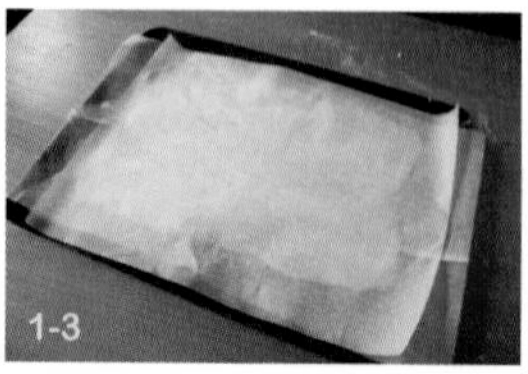
1-3

1-4

1. 把派皮擀成長方形麵片，放到烤盤（事先鋪烘焙紙）上，撒上足夠的糖，蓋上烘焙紙，上面再壓上一個重烤盤，放進預熱至200度的烤箱，烤25分鐘。出爐前看一下上色的情形，烤成金黃的酥派即可。
2. 把酥派四邊切平整，再平均切成三片長方形。

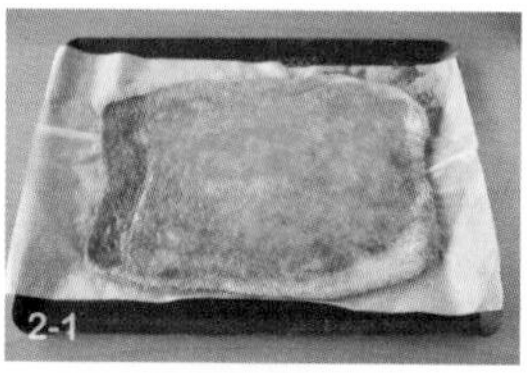
2-1

2-2

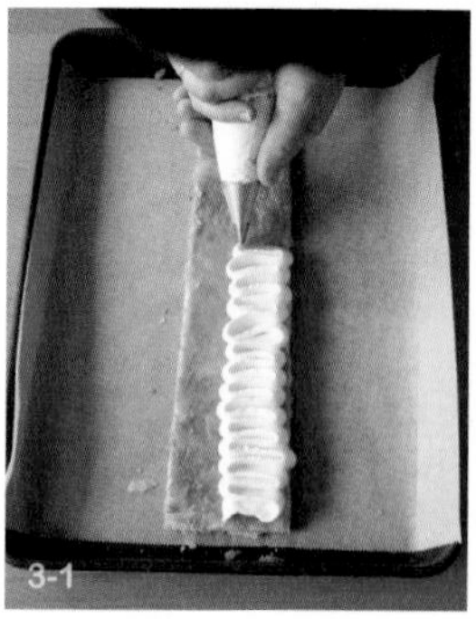
3-1

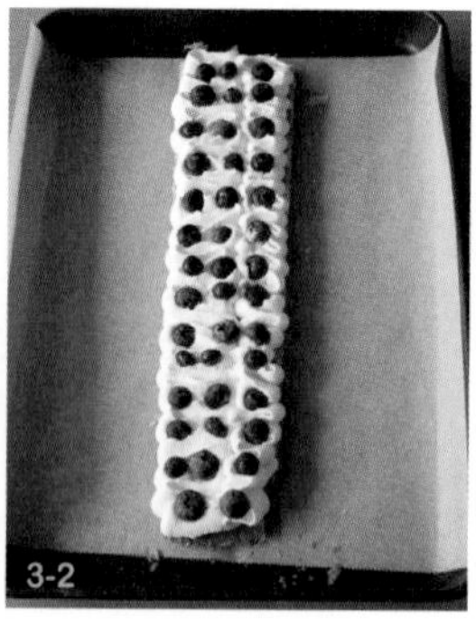
3-2

3-3

3-4

3. 在其中一片擠上香草鮮奶油香緹，鋪上莓果，接著再鋪上一片酥派，如此重複相同步驟，將三片酥派組合完成。
4. 把酥派放進冷凍庫，約10分鐘稍微定型，取出，切成適當的大小盛盤，裝飾上香緹、莓果即可。

4-1

4-2

Note

＊ 莓果可以依個人喜好，更換成其他水果，不論是葡萄、李子、香蕉，或是PART 2製作的常備半成品焦糖蘋果，是一道很好發揮創意的甜點。

變化 甜點 ❸

國王餅

4人份

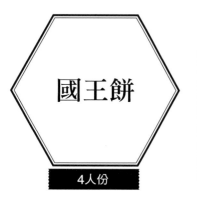

國王餅是法國人在天主教主顯節1月6日前後食用的傳統甜點，是千層酥搭配杏仁奶油餡做成的甜餅。記得在法國第一次吃到這道點心時真是驚為天人（當時是在超市買的），於是和先生兩人輕鬆就嗑掉一個肥滋滋的國王餅！而且在國王餅中，常會有個小瓷偶，吃到小瓷偶的人，就會幸運一整年喔！不過由於瓷偶比較不易取得，所以這道食譜中我們用可食用的堅果來代替。

〔材料〕

千層派皮	1份
杏仁奶油餡	1份（請參考p.21）
蛋黃	1個
杏仁果或是腰果	1個
珍珠糖	少許

〔工具〕

- 擀麵棍
- 筆刀
- 蛋糕底板

〔作法〕

1. 將派皮擀成長形，約0.4mm厚。
2. 利用蛋糕底板切割出兩塊圓形，一塊約6吋（後稱小派皮），另一塊比6吋多2公分（後稱大派皮）。

1

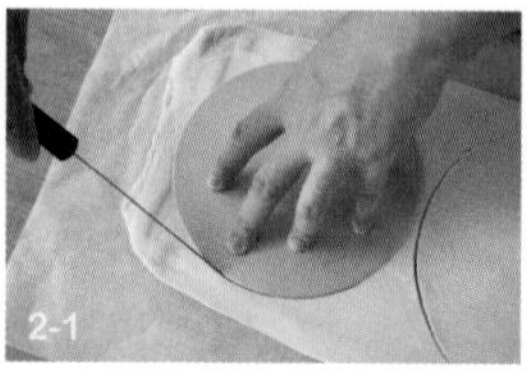
2-1

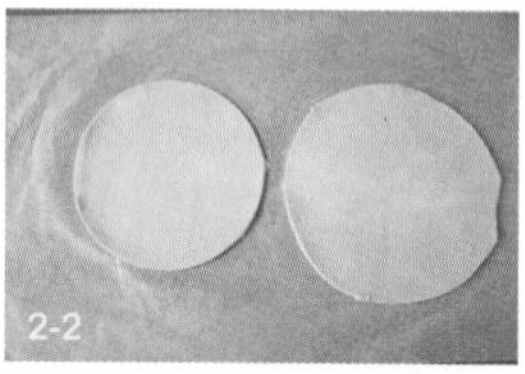
2-2

3-1

3-2

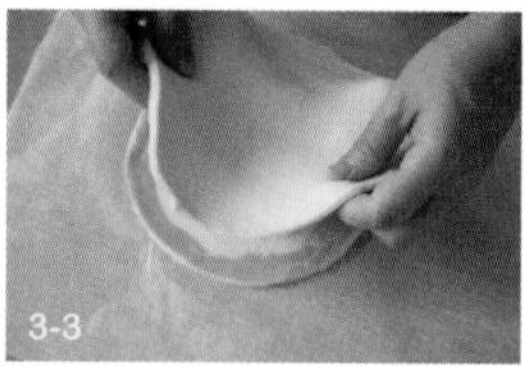
3-3

3-4

3. 把杏仁奶油餡放在小派皮的中央，堆成一個小球，塞入堅果，周圍刷上蛋黃液，上層覆蓋大派皮，並將上下兩層派皮壓緊。
4. 邊緣約1cm，用切割版或是筆刀壓線，中間用竹籤戳一個氣孔，再於派皮表面割出自己喜愛的圖案，刷上一層蛋黃液後，放入冰箱冷藏約15分鐘。
5. 放入預熱至190度的烤箱，烘烤約30分鐘，出爐後點綴一些珍珠糖，就完成囉！

4-1

4-2

4-3

4-4

5

蘋果香頌

4人份

變化 甜點❹

蘋果香頌chausson aux pommes是我在法國念書時常買來吃的點心，我最愛的是每每去巴黎一定要吃的Poilâne麵包店剛出爐的蘋果香頌。雖然現在已物換星移，麵包店也新秀輩出，但我想所謂「味覺記憶」就是你內心永遠無法磨滅，初嚐美味時那一瞬間的感動吧！

〔材料〕

千層派皮	1份
蘋果奶油醬	適量（請參考p.21）
蛋黃液	適量

〔工具〕

- 擀麵棍
- 圓形切模

〔作法〕

1. 將派皮擀平，再用圓形切模切割成一個一個的圓片狀。
2. 取一片圓形派皮，把蘋果奶油醬適量放在一半的位置，並在派皮上抹一圈蛋汁幫助黏合。

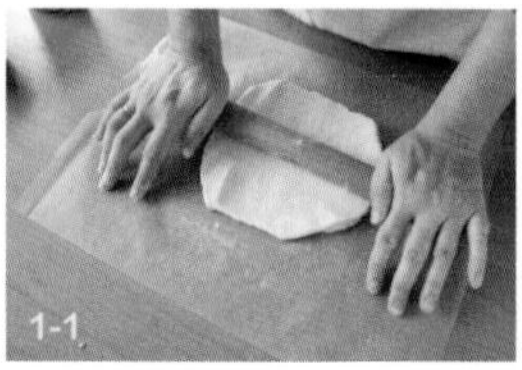
1-1

1-2

2-1

2-2

3. 把另外半邊派皮覆蓋上裝有餡料的部分，將邊緣壓緊、貼合，拿叉子或是小刀將邊緣壓出規則的痕跡，再放入冰箱冷藏約10分鐘定型。
4. 取出半成品後，在表面塗上剩餘的蛋黃液，並用筆刀輕輕劃出喜愛的紋路，再抹上一層蛋黃液。
5. 最後放入預熱至200度的烤箱，烘烤約25分鐘出爐。

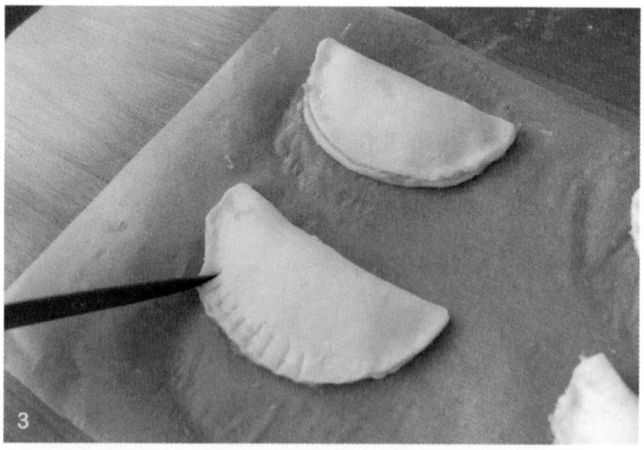
3

4-1

4-2

5

變化 甜點 ❺

扭轉酥棒

2～4人份

在千變萬化的派皮世界裡，簡簡單單的改變，就能產生一種新的呈現方式與感官上的刺激。扭轉酥棒是蝴蝶酥的變形，很適合當作派對上的小點心，一口酥脆，也比較無負擔！

〔材料〕

千層派皮	半份
砂糖	適量
蛋白	適量

〔工具〕

- 擀麵棍
- 刷子

〔作法〕

1. 把派皮擀成一片長方形，將四邊切平整後，放入冷凍庫約10分鐘定型。
2. 將定型後的派皮刷上一層蛋白液，撒上糖，切割成一條一條的細條。接著放入冷凍庫，冷凍約5分鐘定型。

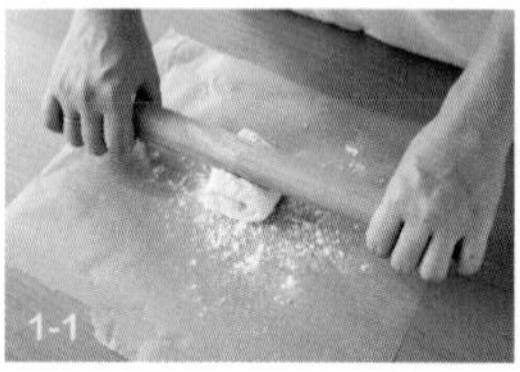

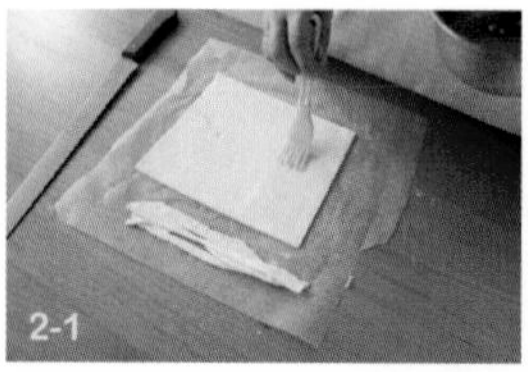

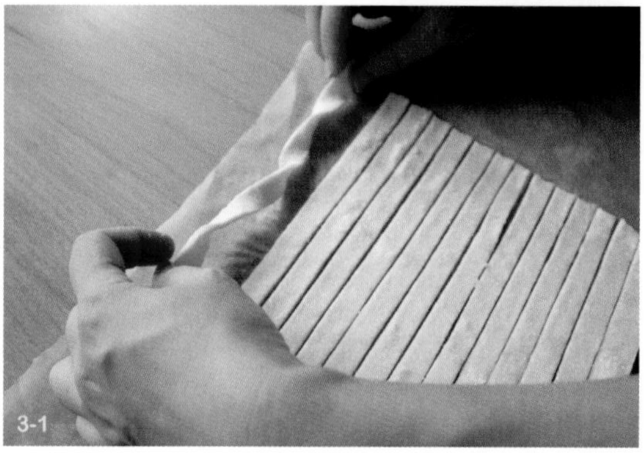

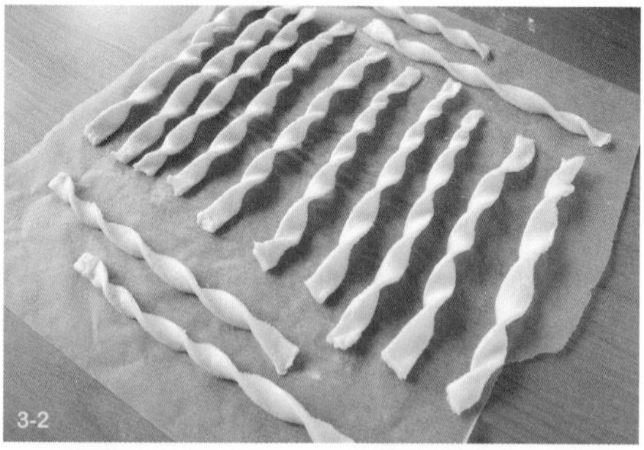

3. 輕輕捏著派皮的兩端，兩手朝相反方向扭轉，然後平放在鋪了烘焙紙的烤盤上，放入冷凍庫再冷凍10分鐘。
4. 放入預熱至180度的烤箱，烘烤約15分鐘即可。

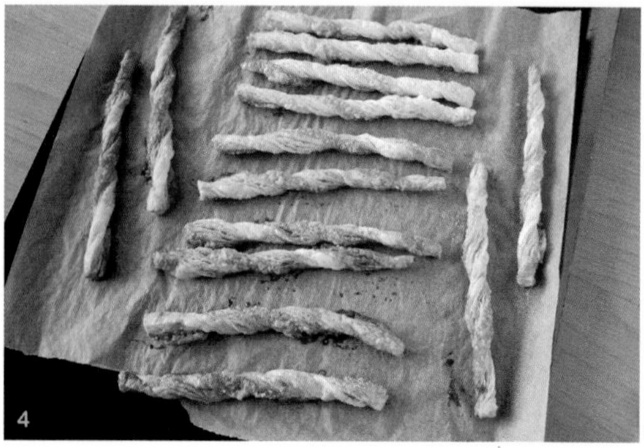

爆漿
莓果餡餅

4人份

變化 甜點 6

酥派當然要爆漿啊（誰說的）！為了營造一種熱呼呼的食感，我們就來做一道爆漿餡餅吧！酥皮裡包裹著糖煮水果餡，搭配隨性的外型，讓我想到小時候吃市售蘋果派包裝盒上寫的：小心燙口。

〔材料〕

千層派皮	1份
杏仁奶油餡	適量（請參考p.21）
自製莓果醬	適量（請參考p.10）
糖煮藍莓	適量（請參考p.13）
蛋黃	適量

〔工具〕

- 擀麵棍
- 刷子

〔作法〕

1. 把派皮擀成長方形的麵片，然後切割成4片長方形。

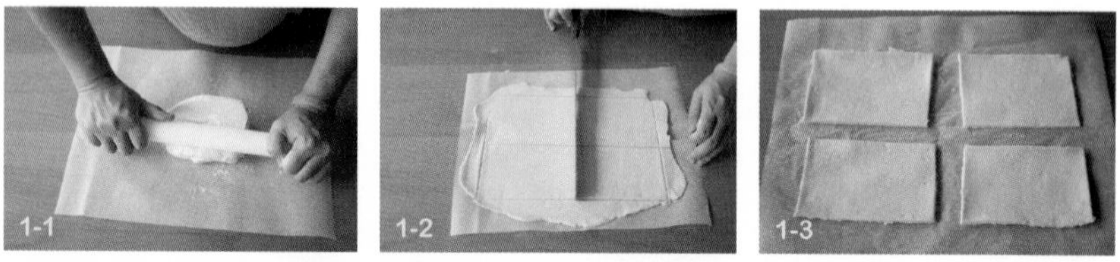

2. 把杏仁奶油餡、糖煮藍莓和莓果醬放在長方形的右側，再將蛋黃液塗滿長方形派皮的四周。
3. 從左向右，把派皮蓋上、黏合，接著在三個邊緣以叉子壓出適當的壓痕，放入冷凍庫定型約10～15分鐘。

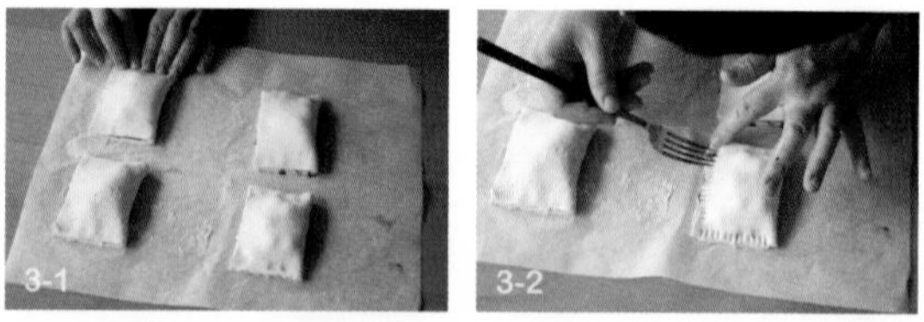

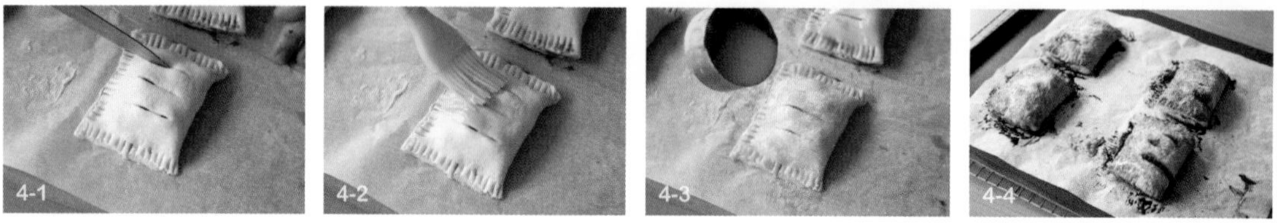

4. 在餡餅表面切割幾條線當作氣孔，再塗上蛋黃液，撒上砂糖（分量外），放入預熱至180度的烤箱，烘烤約25分鐘，出爐即完成。

Note
＊ 除了莓果內餡，也可以改成焦糖蘋果（請參考p.20）內餡，或是其他種類的水果餡，是很適合發揮創意的甜點。

LE CREUSET

變化 鹹點 7

蘆筍鮮蝦風味派

4～6人份

正所謂不油不香不好吃，直接拿一塊派皮擀平，加入喜歡的澎湃餡料，就是一道簡易又營養的餐點！吃自家好料，一切隨性就好！

〔材料〕

✦ 千層派皮	1份
✦ 蘆筍	1把（取嫩部並川燙）
✦ 鮮蝦	8隻（草蝦或白蝦都可）

✦ Ⓐ 蛋奶液	
全蛋	2個
鮮奶油	適量
法式芥末籽	1小匙
肉豆蔻	少許
鹽	少許
胡椒	少許
✦ 乳酪絲	適量

〔工具〕

- ✦ 6吋派盤
- ✦ 擀麵棍
- ✦ 烘焙紙

〔作法〕

1. 在桌上墊一塊烘焙紙，並撒些手粉，以擀麵棍將派皮擀成大於6吋的圓形麵片，再連同烘焙紙一起放入派盤中，以手壓成形。接著在派皮中間戳上均勻的氣孔，放入冷凍庫定型約10分鐘，同時準備餡料。

1-1

1-2

1-3

2-1

2-2

2-3

2. 取蘆筍最鮮嫩的部分切段，川燙備用；蝦子去殼、去頭，用米酒或是清酒、胡椒、太白粉稍微醃一下備用。把冷藏好的塔皮取出，先鋪上乳酪絲，再鋪上蘆筍和鮮蝦。
3. 把全蛋、鮮奶油、法式芥末籽和調味料攪拌均勻（Ⓐ），倒入鋪滿餡料的派皮中，再撒上一層乳酪絲，最後用手修整派皮邊緣，放入預熱至200度的烤箱，烘烤約30分鐘後，出爐即可食用。

3-1

3-2

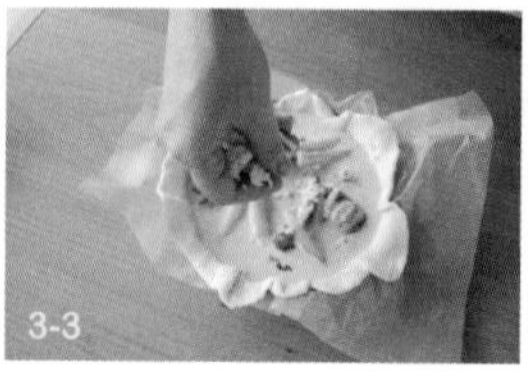
3-3

3-4

Note

＊ 如何辨識蘆筍最鮮嫩的部分？就是拿一把蘆筍，左右手握住兩端，輕輕彎折，自行斷掉的那端就是粗的蘆筍，可以淘汰，留下來的那一端就是鮮嫩的部分。

變化 鹹點 8

雞腿菇菇派

4～6人份

這是一款基本的「香甜家庭味」，原本是我為了顧及小孩的營養，不讓他挑食，而在鹹派裡頭塞入小朋友喜愛的雞腿肉、菇蕈、蔬菜等，沒想到他多年後依然捧場，此派威力可見一斑！

〔材料〕

千層派皮	1份
去骨雞腿肉	1份
蘑菇、杏鮑菇、綠色花椰菜	適量

Ⓐ 蛋奶液	
全蛋	2個
鮮奶油	適量
肉豆蔻	少許
鹽	少許
胡椒	少許
乳酪絲	適量

〔工具〕

6吋派盤 ✦擀麵棍 ✦烘焙紙 ✦平底鍋

〔作法〕

1. 參考蘆筍鮮蝦風味派（p.70）完成派皮，放入冷凍庫定型約10分鐘，同時準備餡料。

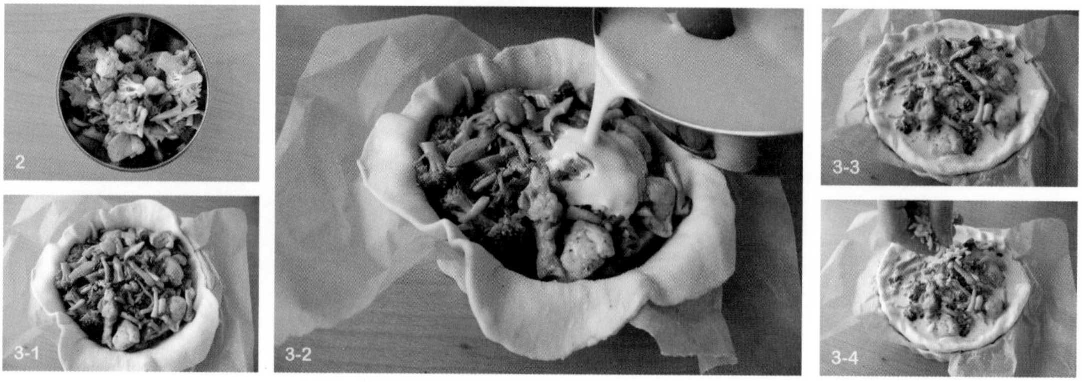

2. 把雞腿肉先用米酒或清酒，以及少許胡椒、鹽，醃漬5分鐘；菇類、綠色花椰菜洗淨切塊。取一只平底鍋，把菇類用奶油和橄欖油（分量外）炒香之後，加入醃好的雞腿肉炒熟。
3. 把定型的塔皮取出，鋪上乳酪絲和炒好的雞肉蔬菜餡料，接著把全蛋、鮮奶油、法式芥末籽和調味料攪拌均勻（Ⓐ），倒入鋪滿餡料的派皮中。最後修整派邊、鋪上一層乳酪絲，放入預熱至200度的烤箱，烘烤約30分鐘，出爐即可食用。

迷你普羅旺斯酥派

4人份

變化 鹹點 9

派對點心又一發！不只是甜點，酥派做成小鹹點一樣有忠實的支持者。這道點心非常適合做成平日的開胃小點心。

〔材料〕

千層派皮	1份
喜好的蔬菜	適量（橄欖、番茄、黃椒、洋蔥）
乳酪絲	適量
蛋黃	適量

〔工具〕

- 擀麵棍
- 刷子
- 平底鍋

〔作法〕

1. 將派皮擀成四方形，平均切割成4塊正方形的麵片，放進冰箱冷藏。
2. 將蔬菜切丁、炒熟、調味之後，放涼備用。

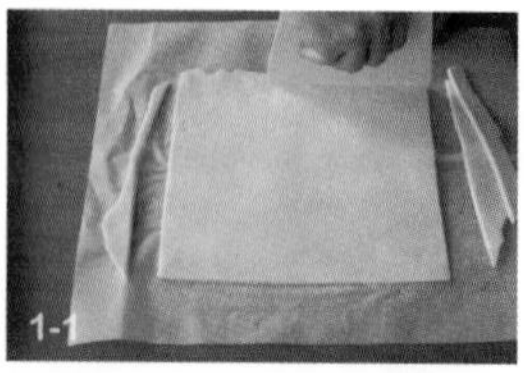

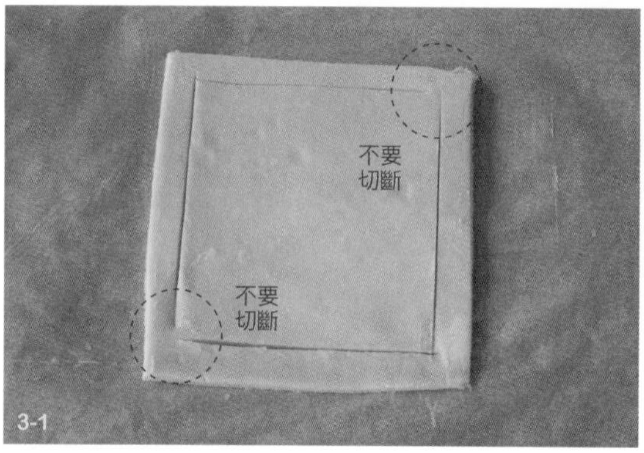

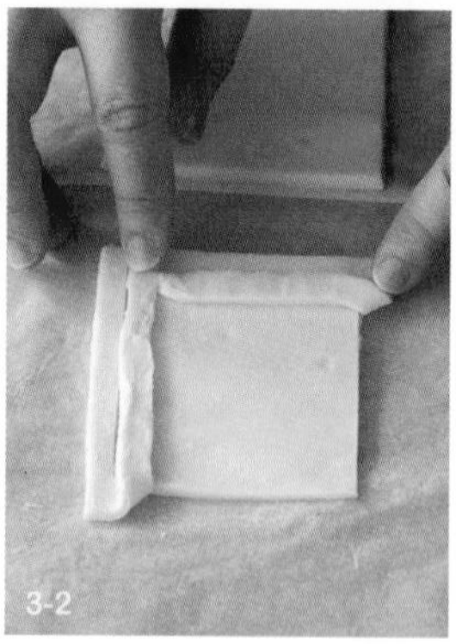

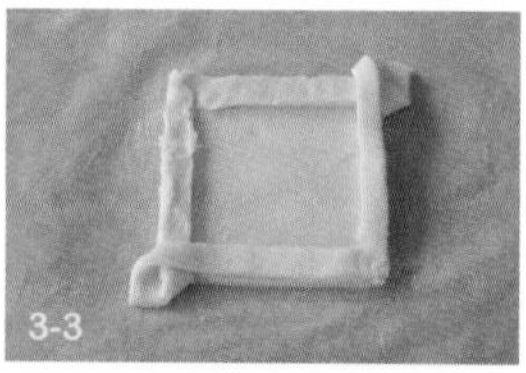

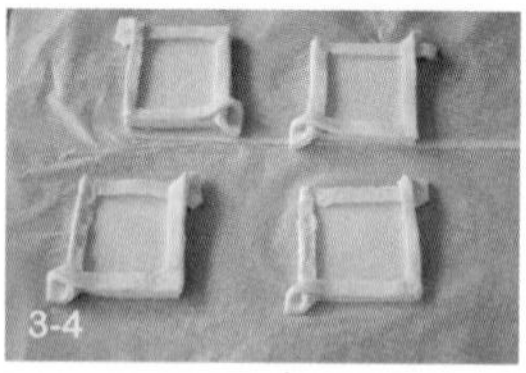

3. 將冷藏定型的麵片對角，在距離邊緣0.5或1cm處，用刀切一個直角，並將切完的直角往對向的直角貼齊，以相同步驟完成4片麵片。

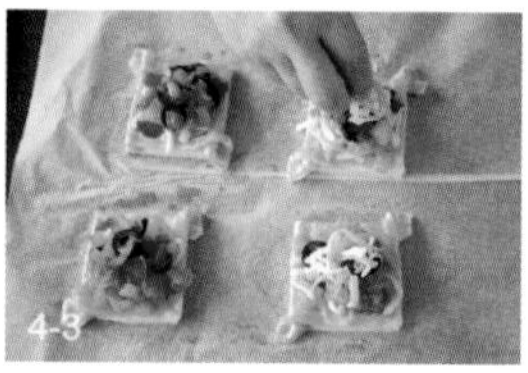

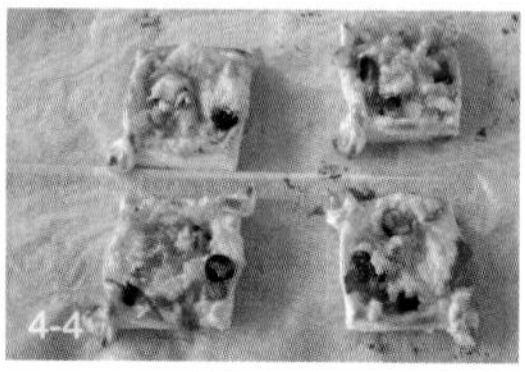

4. 在麵片四邊塗上蛋汁，撒一層乳酪絲，放上蔬菜，再撒一層乳酪絲，然後放進預熱至200度的烤箱，烘烤約20分鐘，出爐即可。

Note

＊ 蔬菜的選擇依個人喜好即可，我較常用橄欖、油封番茄、炒過的甜椒片或櫛瓜等。

LE CREUSET

變化 鹹點 ⑩

牛肝菌火腿酥捲

6～8人份

這是一道完全可以按照個人喜愛調配的料理，就像pizza或是鹹派一樣，可以在假日家人、朋友相聚的時候大顯身手！

〔材料〕

千層派皮	1份
義式生火腿	2片
匈牙利辣火腿	4～6片
芝麻葉（或小菠菜）	適量
牛肝菌	10g（以熱水泡軟）
市售青醬	適量
乳酪絲	適量

〔工具〕

- 擀麵棍
- 刷子

〔作法〕

1. 將派皮擀成一個薄長方形麵片，接著在中央抹上青醬，再撒上乳酪絲、辣火腿和芝麻葉，以及牛肝菌菇、義式生火腿。

1-1

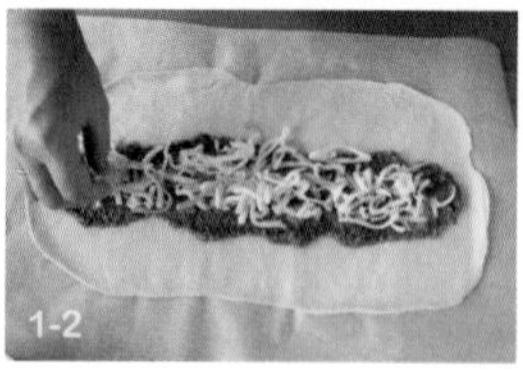
1-2

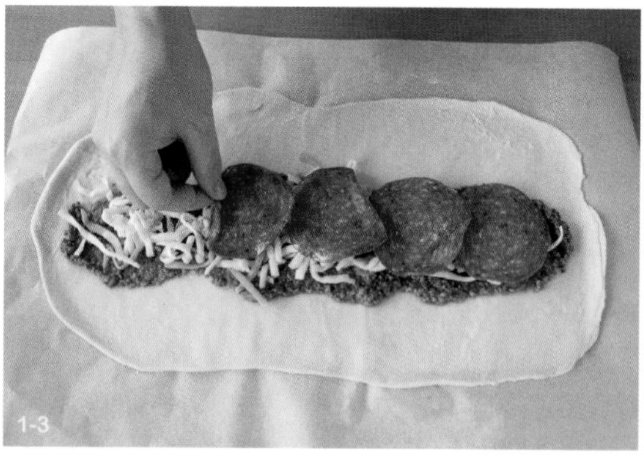
1-3

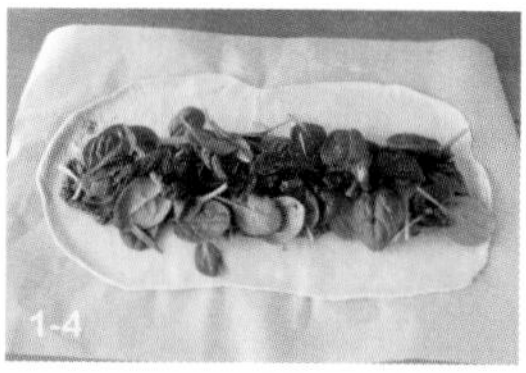
1-4

1-5

2. 把周圍派皮切成條狀，然後以左右編織的方式，包覆住所有餡料。
3. 在表面抹上蛋汁（分量外），撒上調味料（鹽和胡椒），放進預熱至220度的烤箱，烘烤約20分鐘，出爐即可食用。

2-1

2-2

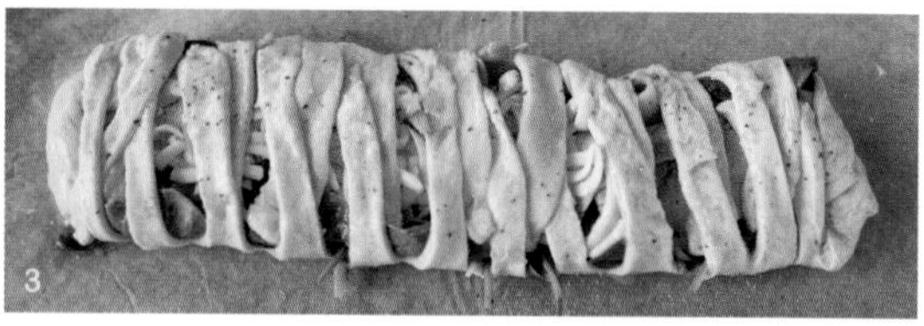
3

變化甜點⑪

紅豆年糕酥派

5人份

過年的時候看到大家都在玩的年糕新吃法，嘗試過之後果真好有新意！吃過的人都說好喜歡！這道食譜試著把成品包覆成花形，讓年味、新意都滿點！

〔材料〕

- 千層派皮 1份
- 紅豆年糕 5個小丁（請參考p.130）
- Ⓐ抹茶丸子 5顆
  - 糯米粉 28g
  - 玉米粉 7g
  - 抹茶粉 1.5g
  - 水 24g
- 蛋黃 適量
- 砂糖 少許
- 珍珠糖 少許

〔工具〕

- 打蛋器
- 攪拌盆
- 鍋子
- 擀麵棍
- 圓形切模

〔作法〕

1-1

1-2

1. 將Ⓐ抹茶丸子的粉類混合均勻後，倒入熱水揉成團，再分成5份，分別包入紅豆年糕切丁，並滾圓。

1-3

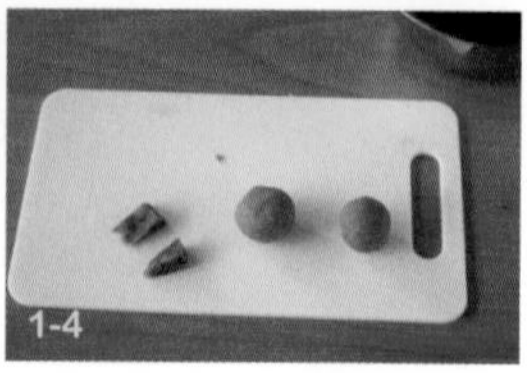
1-4

2-1

2-2

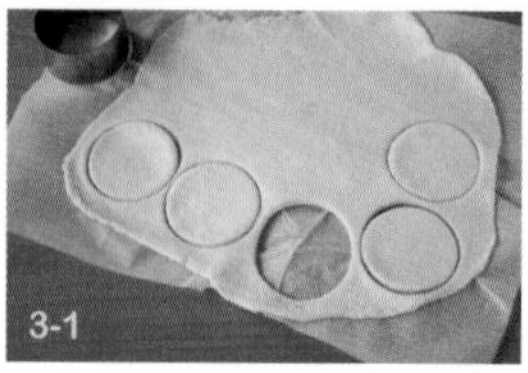
3-1

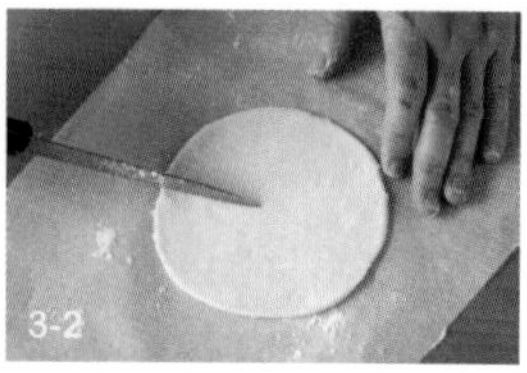
3-2

2. 下水煮至浮起後，泡冷水備用。
3. 取一份派皮擀平，切割成圓形（使用直徑大約10公分的圓形切模），接著避開圓心，切割十字線。

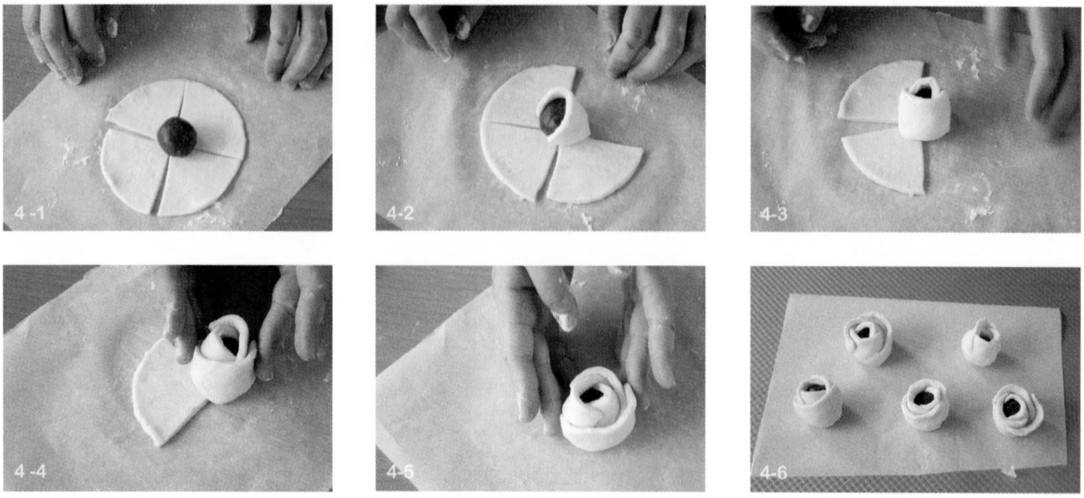

4. 取一顆抹茶丸子，放在派皮中央。以順時針方向，將派皮從外往內，包覆住丸子，最後會成為花形，放入冷凍庫定型備用。

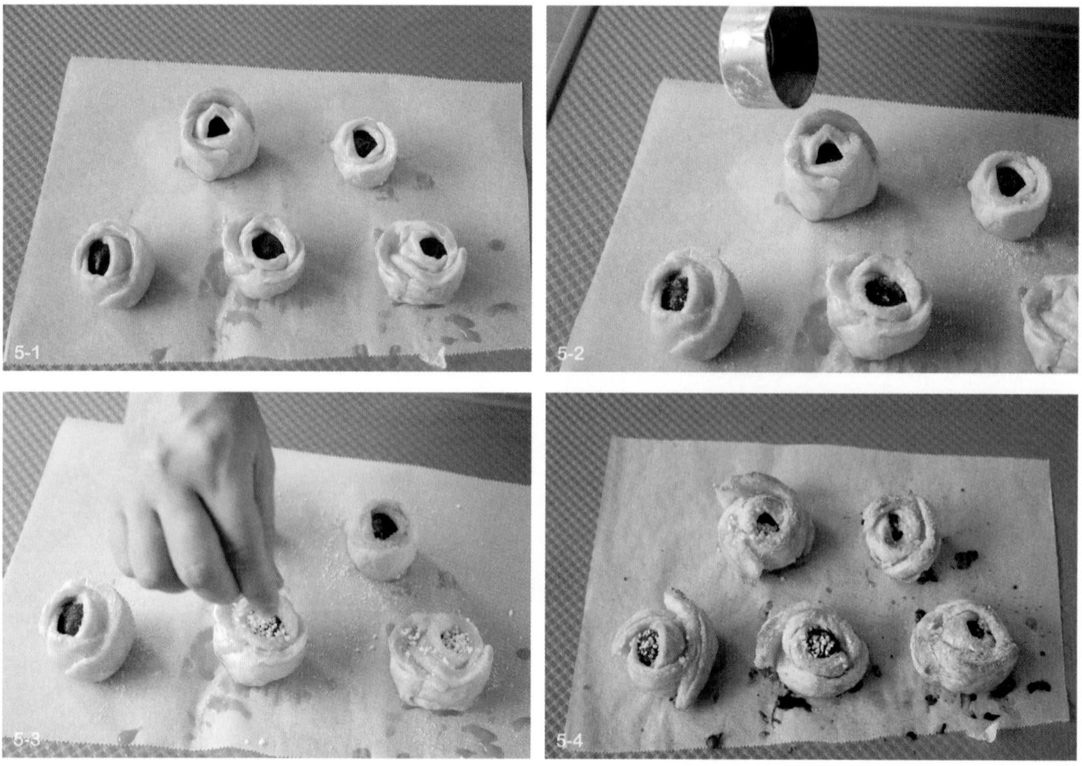

5. 將定型的酥派取出，表面抹上蛋黃液，再撒上砂糖，並在中間撒上珍珠糖，放入預熱至200度的烤箱，烘烤約20分鐘即可。

Part Five

一點都不難的法式泡芙

- 法式糖脆小泡芙 ✦
- 甜羅勒草莓檸檬奶油泡芙 ✦
- 聖人泡芙 Saint-honoré ✦
- 鹽味焦糖閃電泡芙 ✦
- 脆皮覆盆子荔枝泡芙 ✦

常備 半成品

基本泡芙麵糊

這章要介紹的常備半成品是基本泡芙麵糊。一份的量可以做出很多大大小小、各式各樣的泡芙，所以大家可以自行斟酌使用的量來做搭配。不過，泡芙麵糊不耐放，建議先烤成想要的泡芙形狀之後，再把烤好的泡芙按照要做的點心類別，分別冷凍起來保存。當客人來的時候，或是小朋友下課回家，或是晚上嘴饞，只需要預熱烤箱至180度，烘烤約5～7分鐘不等，香甜、鬆軟的泡芙就可以輕鬆上桌！

〔材料〕

鮮奶	125g
水	125g
無鹽奶油	112g
鹽	4g
砂糖	3g
低筋麵粉	138g
蛋液	185～190g

〔工具〕

- 單手鍋
- 耐熱刮刀
- 過篩器
- 擠花袋
- 圓形花嘴
- 烘焙紙

〔作法〕

1. 取一只單手鍋，將鮮乳、水、奶油、鹽以及糖倒入鍋中，煮沸之後熄火。再將低筋麵粉過篩，倒入鍋中，用刮刀快速攪拌成薯泥狀。記得檢查鍋底，麵糊的狀態必須有點沾黏。接著加入蛋液，攪拌均勻，即完成泡芙麵糊。

2. 將麵糊裝入擠花袋（事先裝上花嘴），參考p. 86～96的食譜說明，並按照個人喜好的分量，分別在烤盤上（鋪烘焙紙），擠出圓形或長形麵糊。放入預熱至240度的烤箱，關火，燜約17分鐘，再轉175度的火溫，烘烤25～35分鐘。出爐後放涼，冷藏備用。

Note

* 注意麵糊的溼度，麵糊太溼，泡芙不容易膨脹，麵糊太乾，則無法空心。
* 注意加入蛋液的時間點，請等到麵糊降溫至大約70度的時候，再加入蛋液攪拌。
* 使用中、低、高筋麵粉都可以做泡芙，只是口感不同。中、低筋麵粉做出來的泡芙皮比較厚鬆，高筋麵粉做出來的泡芙皮會比較薄脆。
* 煮鮮奶、水和奶油，以及糖和鹽的時候，請確實煮滾，只有煮滾的油和水，才能把麵裡頭的筋度燙死，讓泡芙順利膨脹。

常備 甜點醬 ❶

荔枝卡士達醬

1份

〔材料〕

鮮奶	100g	低筋麵粉	4g
香草豆莢	1/5根	玉米粉	4g
蛋黃	25g	無鹽奶油	5g
砂糖	20g	荔枝乾	5g

〔工具〕

單手鍋　打蛋器　攪拌盆
過篩器　保鮮膜

〔作法〕

1. 將蛋黃加入10g的砂糖，攪拌至泛白之後，加入過篩的粉類，攪拌均勻備用。
2. 取一個單手鍋，將鮮奶、香草豆莢以及剩下的10g砂糖放入鍋中，加熱至沸騰前熄火。
3. 將熱奶漿緩緩加入蛋黃液中，攪拌均勻。過篩後，再倒回鍋中，邊煮邊攪拌至柔滑狀態。
4. 拌入切碎的荔枝乾，再加入奶油，使奶油融化，並攪拌融合入材料中。
5. 取一個淺盤，將卡士達醬鋪平於淺盤中，並蓋上保鮮膜，冷藏2小時，取出即可。

常備 甜點醬 ❷

覆盆子慕斯

1份

〔材料〕

A 義式蛋白霜	75g	冷凍覆盆子	125g
蛋白	60g	吉利丁片	4g
砂糖	125g	白蘭地	28g
水	36g	鮮奶油	165g

〔工具〕

單手鍋　耐熱刮刀　攪拌盆　攪拌器

〔作法〕

1. 先製作A義式蛋白霜。取一個單手鍋，將糖和水放入鍋中，煮至舀一小勺糖漿放入冰水中足以凝結成糖球的程度。
2. 接著把蛋白放入攪拌盆中，開高速攪拌，同時將糖漿沿著攪拌盆壁緩緩加入，打發後改成中速，放涼到約25度備用。
3. 將吉利丁片泡水；覆盆子果肉打成泥狀、加熱。再加入泡軟的吉利丁，拌勻，再拌入白蘭地，放涼到38度備用。
4. 在果醬中，分2～3次加入打至六、七分發的鮮奶油，攪拌均勻，再用刮刀拌入75g義式蛋白霜，即完成覆盆子慕斯。

Note

* 這兩種甜點醬都很好用，只要簡單地擠入烤好的小泡芙裡，就可以輕鬆享受。如果想做華麗麗的甜點，可參考p.94「脆皮覆盆子荔枝泡芙」，保證讓人驚豔。
* 這兩種甜點醬因為含有蛋，請冷藏保存，並在2～3日內食用完畢。
* 製作覆盆子慕斯剩下的義式蛋白霜，可烤成義式蛋白糖（參考p.142）保存，裝飾甜點非常好用。

變化 甜點❶

法式糖脆小泡芙

2～3人份

法國人的早餐吃什麼？除了各式各樣的可頌，還要有一杯柳橙汁和咖啡歐蕾，以及絕對少不了的一樣：糖脆小泡芙chouquette。超市裡常常賣著一袋一袋的chouquette，讓大家買回家一口一個，當零嘴或早餐。只要學會了基本泡芙作法，在家也能做出這款法國最家常的別緻小點心。

〔材料〕

✦基本泡芙麵糊	約150g
✦鮮奶	少許
✦珍珠糖一號	少許

〔工具〕

✦烤盤 ✦烘焙紙

✦擠花袋 ✦圓形花嘴

〔作法〕

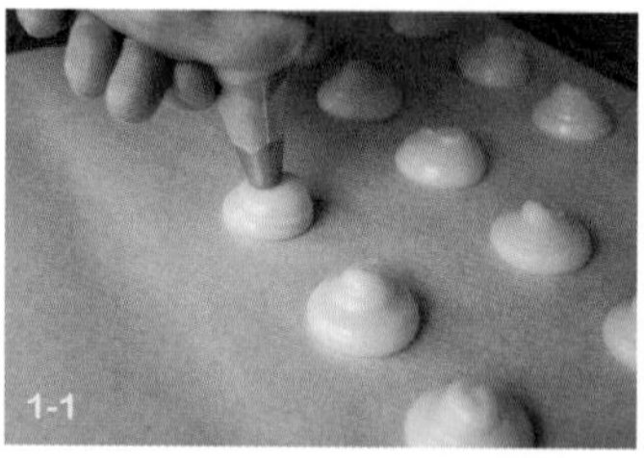
1-1

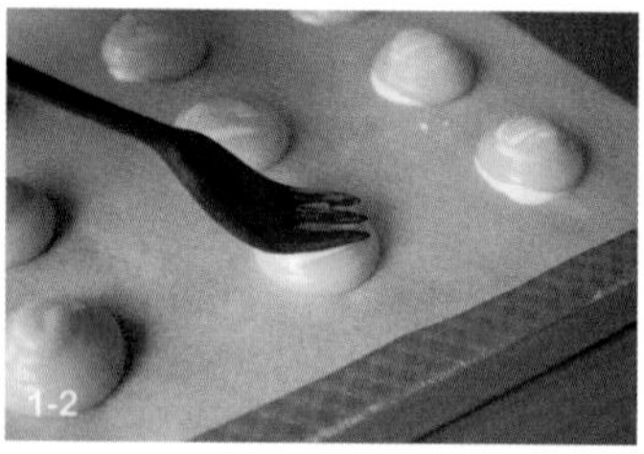
1-2

1-3

1. 把基本泡芙麵糊裝入裝有圓形花嘴的擠花袋中，以垂直的方式、在烤盤（鋪烘焙紙）上，擠成約4～5公分大小的圓形。然後用叉子沾一些鮮奶，輕塗在麵糊頂端，再撒上適量的珍珠糖。

2

2. 將烤箱預熱至240度，放入泡芙麵糊，關火，燜約17分鐘，再轉175度的火溫，烘烤25分鐘，即完成。

甜羅勒草莓檸檬奶油泡芙

4人份

變化甜點❷

甜羅勒和草莓有著奇妙的緣分，往往你在吃下口之後，會覺得怎麼那麼不衝突？！做成方形的泡芙有著中規中矩的俏皮感，也意外地討喜！

〔材料〕

✦基本泡芙麵糊	約180g（或事先烤好冷藏的長形泡芙4個）
✦Ⓐ檸檬奶油	180g
鮮奶油	150g
檸檬凝乳	30g（請參考p.10）
✦新鮮草莓（切塊）	適量
✦新鮮甜羅勒（切碎）	少許

〔工具〕

- 攪拌器
- 耐熱刮刀
- 圓形花嘴
- 擠花袋

〔作法〕

1. 將泡芙麵糊裝入擠花袋（事先裝入花嘴），在烤盤（鋪烘焙紙）上擠出長形麵糊。接著放入預熱至240度的烤箱，關火燜約17分鐘後，再轉至175度火溫，烘烤35分鐘，放涼備用。若已事先烤好冷藏，請取出4個，放入預熱至180度的烤箱，烤約5～7分鐘。
2. 製作Ⓐ檸檬奶油。將鮮奶油打至七分發，再加入30g的檸檬凝乳，攪拌均勻。

1

2-1

2-2

2-3

3. 將長形泡芙切開，內部擠入檸檬奶油，放上切碎的甜蘿勒及草莓塊，蓋上泡芙，再擠上檸檬奶油，裝飾上新鮮草莓即完成。

3-1

3-2

3-3

3-4

3-5

聖人泡芙 Saint-Honoré

4人份

變化甜點 ❸

酥脆的千層塔皮和裹上焦糖衣的小泡芙，再搭配上入口酸香、不膩口的蜂蜜酸奶鮮奶油香緹，就算吃了滿身也不在乎！

〔材料〕

✦ 烤好的千層派皮	4片（請參考p.60作法1）
✦ 基本泡芙麵糊	約120g（或事先烤好冷藏的圓形小泡芙8～12個）
✦ Ⓐ 蜂蜜酸奶鮮奶油香緹	200g
鮮奶油	100g
蜂蜜	10g
自製法式酸奶油	90g（請參考p.10）

✦ Ⓑ 焦糖	1份
砂糖	100g
水	25g

〔工具〕

✦ 單手鍋 ✦ 耐熱刮刀 ✦ 攪拌器 ✦ saint-honoré花嘴 ✦ 圓形花嘴 ✦ 擠花袋

〔作法〕

1. 將泡芙麵糊裝入擠花袋（事先裝入圓形花嘴），在烤盤（鋪烘焙紙）上擠出直徑3公分的圓形麵糊。接著放入預熱至240度的烤箱，關火，燜約17分鐘後，再轉至175度火溫，烘烤25分鐘，放涼備用。若已事先烤好冷藏，請取出8～12個（依個人喜好），放入預熱至180度的烤箱，烤約5～7分鐘。
2. 製作Ⓐ蜂蜜酸奶鮮奶油香緹。將100g的鮮奶油加入10g的蜂蜜打發，再拌入約90g自製法式酸奶油。

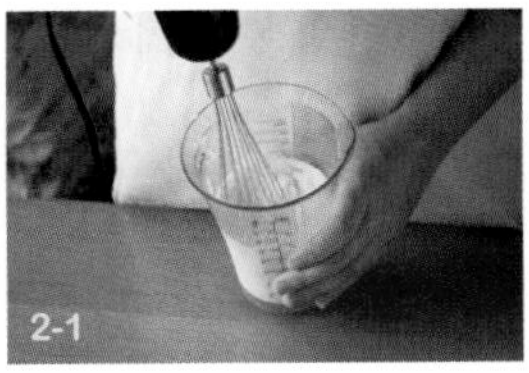

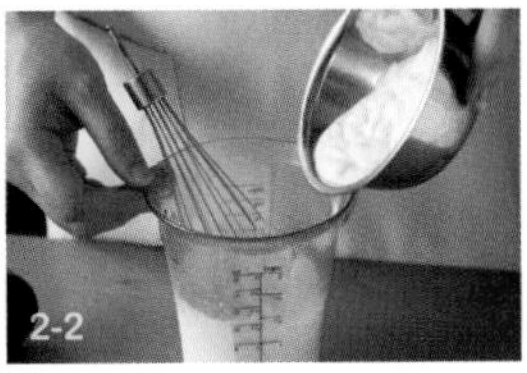

3. 製作Ⓑ焦糖。將水和砂糖倒入單手鍋中，加熱至琥珀色。
4. 在烤好的泡芙底部戳洞，並且擠入蜂蜜酸奶鮮奶油香緹。
5. 將泡芙沾上稍微冷卻的焦糖，以泡芙底部朝上的方式，裹上一層糖衣，放涼備用。
6. 將蜂蜜酸奶鮮奶油香緹裝入擠花袋，搭配Saint-Honoré花嘴，在切成長條狀的千層片上擠上人字形奶油，並擺上泡芙、點綴水果，即完成。

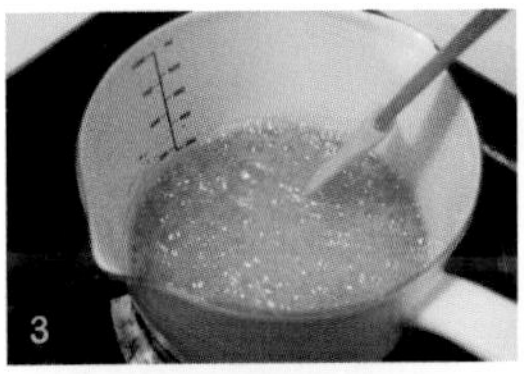

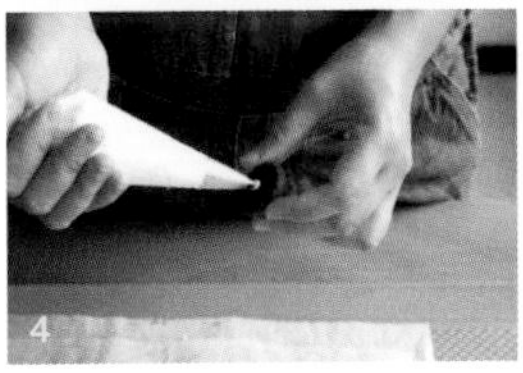

Note ＊ 請注意！焦糖很燙，在沾裹的過程中，請務必小心謹慎，以免燙傷。

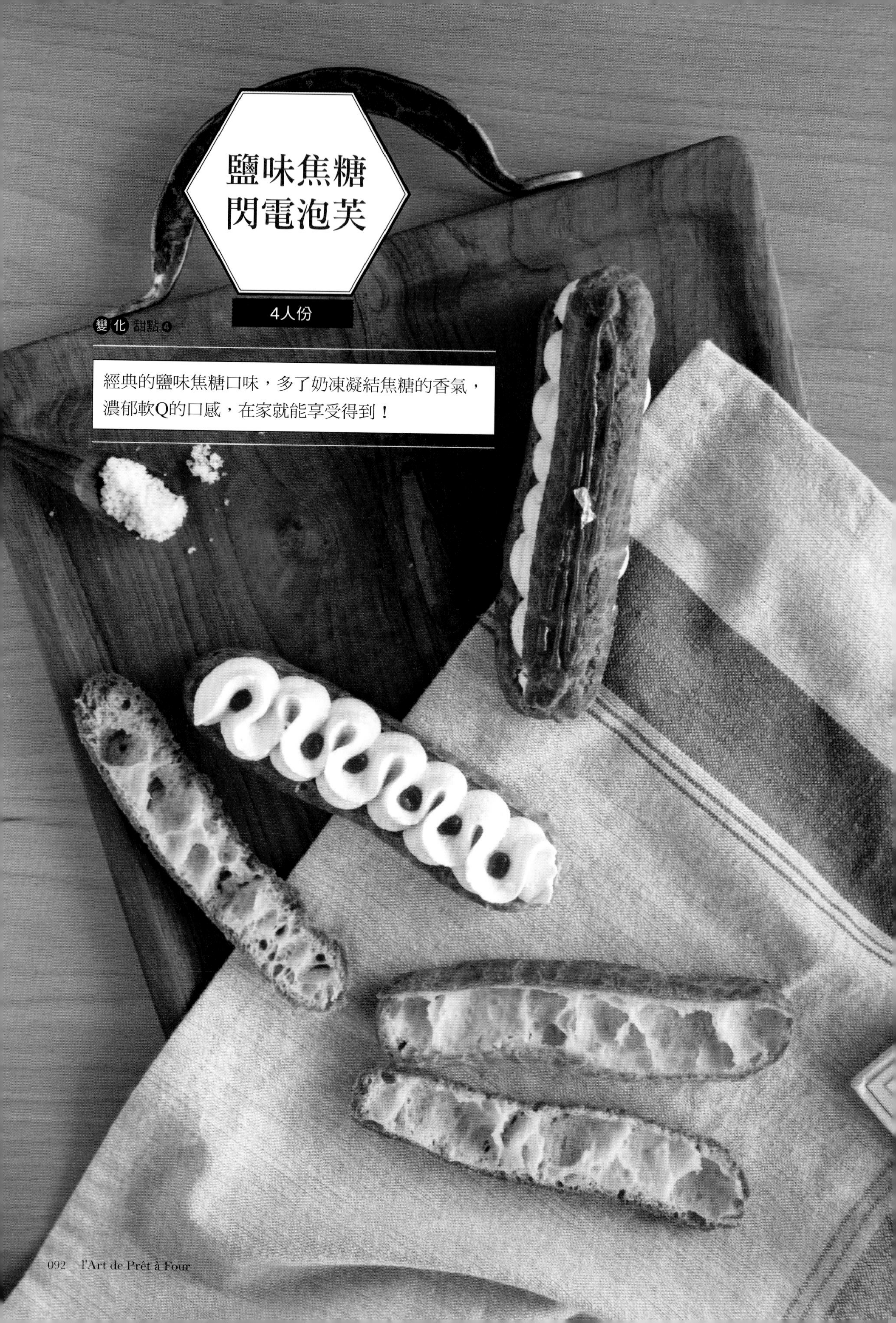

鹽味焦糖閃電泡芙

4人份

變化甜點4

經典的鹽味焦糖口味，多了奶凍凝結焦糖的香氣，濃郁軟Q的口感，在家就能享受得到！

〔材料〕

基本泡芙麵糊	約130g
Ⓐ焦糖奶凍	1份
鮮奶	150g
鮮奶油	75g
蛋黃	1個
砂糖	20g
自製基本焦糖醬	25g
（請參考p.10）	
吉利丁	2.5片

Ⓑ焦糖鮮奶油香緹	150g
鮮奶油	120g
砂糖	8g
自製基本焦糖醬	30g
（請參考p.10）	
金箔	少許
鹽之花	少許

〔工具〕

- 單手鍋 ✦耐熱刮刀
- 打蛋器 ✦攪拌盆
- 長方形模具
- 烘焙紙 ✦擠花袋
- 圓形花嘴 ✦玫瑰花嘴

〔作法〕

1. 將泡芙麵糊裝入擠花袋（事先裝上圓形花嘴），在烤盤上（鋪烘焙紙）擠出4條長形。放入預熱到240度的烤箱，接著關火，燜約17分鐘後，再轉175度的火溫，烘烤35分鐘，放涼、切開備用。若已事先烤好冷藏，請取出4個，放入預熱至180度的烤箱，烤約5～7分鐘。

1

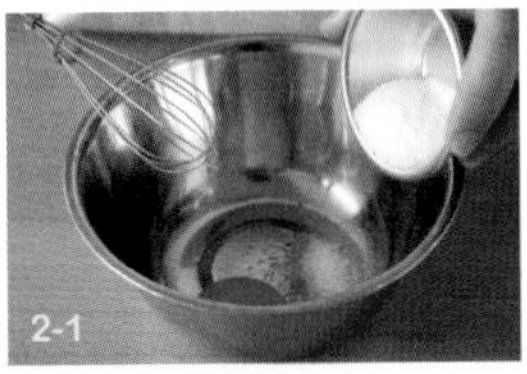
2-1

2-2

2-3

2-4

3-1

3-2

3-3

3-4

2. 製作Ⓐ焦糖奶凍。將蛋黃和一半的砂糖放入攪拌盆中攪拌，再混入焦糖醬，拌勻。取一只單手鍋，將鮮奶及剩下的糖、鮮奶油放入鍋中，煮到熱，但尚未滾的狀態。
3. 把奶糖液倒入焦糖蛋黃液，以打蛋器攪拌均勻，再倒回鍋中，邊煮邊拌勻，接著熄火，放入泡軟的吉利丁，拌勻。
4. 倒入長方形模具（鋪上烘焙紙），放入冷凍庫定型，然後取出、切成適當的小塊備用。

4-1

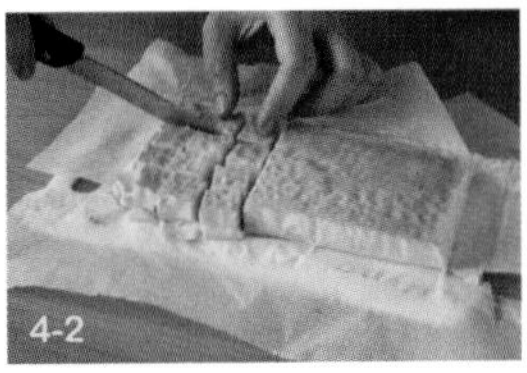
4-2

5

5. 製作Ⓑ焦糖鮮奶油香緹。鮮奶油加入8g砂糖，以及30g焦糖醬，打至九分發後備用。
6. 在泡芙上擠上焦糖鮮奶油（搭配玫瑰花嘴），夾入焦糖醬和焦糖奶凍，蓋上泡芙，擠上細長的焦糖裝飾，再撒上鹽之花及金箔，即完成。

6-1

6-2

6-3

6-4

變化 甜點 5

脆皮覆盆子荔枝泡芙

8人份

脆皮泡芙總是有它迷人之處，把台灣特有的荔枝乾融合在卡士達醬中，擠入泡芙內，搭配上覆盆子慕斯，很適合五六月的夏日午後享用。

〔材料〕

基本泡芙麵糊	160g
Ⓐ脆皮麵糊	
中筋麵粉	55g
室溫軟化奶油	40g
砂糖	55g
覆盆子粉	0.5g
荔枝卡士達醬	1份
覆盆子慕斯	1份
義式蛋白霜	適量

〔工具〕

- 攪拌盆
- 打蛋器
- 耐熱刮刀
- 圓形切模
- 擀麵棍
- 烘焙紙
- 擠花袋
- 圓形花嘴
- saint-honoré花嘴

〔作法〕

1. 將泡芙麵糊裝入套有圓形花嘴的擠花袋中，並且以垂直距離烘焙紙約1公分的方式，擠出8個直徑約5公分的圓形麵糊。
2. 製作Ⓐ脆皮麵糰。先將奶油、糖以及覆盆子粉放入攪拌盆中拌勻，加入過篩的中筋麵粉，以刮刀拌勻成團。

1

2-1

2-2

2-3

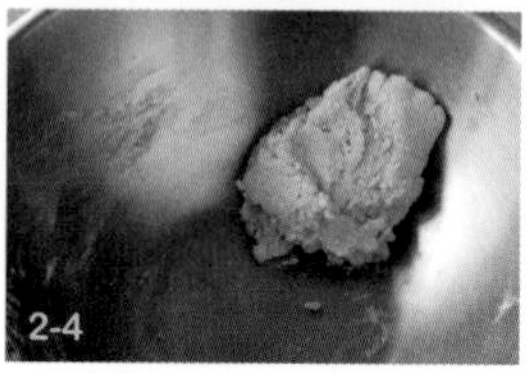
2-4

3. 將麵糰擀成約1～2mm的片狀，放入冰箱冷藏（用保鮮膜或烘焙紙覆蓋），直到變硬為止。

3-1

3-2

4. 按照泡芙的大小，挑選適當尺寸的圓形切模，將脆皮麵糊切割成圓片，覆蓋在泡芙麵糊上，放入預熱到240度的烤箱，關火，燜約17分鐘後，再轉175度的火溫，烘烤35分鐘出爐，切開備用。
5. 在酥皮泡芙內擠上荔枝卡士達醬，並在中心放新鮮覆盆子，接著在覆盆子周圍擠上覆盆子慕斯，蓋上泡芙，擠上義式蛋白霜，點綴上些許的覆盆子碎粒，即完成。

Note
＊ 若覆盆子慕斯已事先做好，手邊又沒有剩餘的蛋白霜，可選擇用其他甜點醬，或是以打發鮮奶油裝飾，或是將p.85Ⓐ的材料減半製作義式蛋白霜。

Part Six

外酥內軟的分蛋海綿蛋糕

- 提拉米蘇 ✦
- 法式無花果蛋糕 ✦
- 桂花抹茶卡士達脆皮蛋糕捲 ✦
- 草莓巧克力夏洛特 ✦
- 白酒甜桃脆皮生乳捲 ✦

常備 半成品

分蛋海綿蛋糕

這款無油少糖的海綿蛋糕作法簡單，適合搭配清爽的食材，做各種有趣的變化。不妨在家試試看，你會發現很多看似複雜的甜點，都沒有想像中困難喔！

〔材料〕

蛋黃糊

蛋黃	3個
砂糖	30g

蛋白霜

蛋白	3個
砂糖	40g
低筋麵粉	60g
糖粉	適量

〔工具〕

- 攪拌盆
- 攪拌器
- 耐熱刮刀
- 烘焙紙
- 擠花袋
- 長方形烤盤（25cm×35cm）或正方形烤盤（22cm×22cm）或6吋圓形切模

〔作法〕

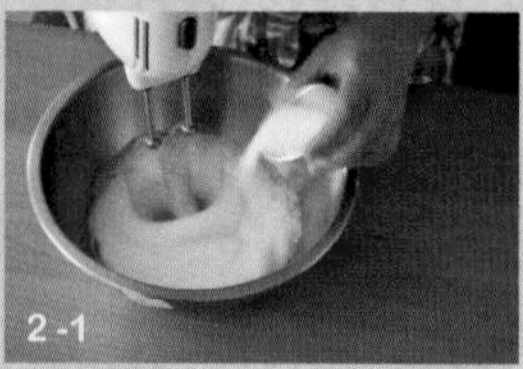

1. 把蛋黃和砂糖放入攪拌盆，下方墊著熱水，讓砂糖在盆中融化，並降溫至約38度後移開，用攪拌器打發。
2. 製作蛋白霜。把蛋白打發，並分2～3次加入砂糖，最後打至九分發。

3. 將蛋黃糊倒入蛋白霜中，並用攪拌棒先粗略地攪拌，再改用刮刀以翻拌的方式攪拌均勻。
4. 將麵粉過篩，倒入蛋糊中，並且用刮刀攪拌均勻。

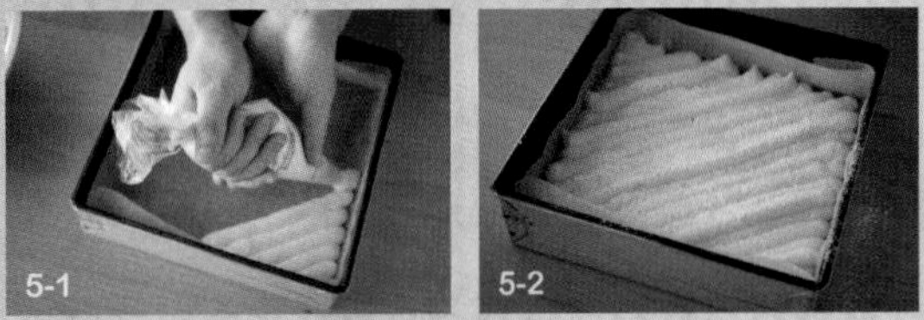

5. 把麵糊裝入擠花袋，擠入墊有烘焙紙的烤盤中，最後撒上兩層糖粉，放入預熱至190度的烤箱，烘烤約10分鐘上色，出爐即可。

6. 若是使用6吋圓形切模，請先在烤盤鋪上烘焙紙，並將圓形切模打溼、甩乾，再以畫圓的方式將麵糊擠入模具中。接著取走圓模，在麵糊表面撒上糖粉，放入預熱至190度的烤箱，烘烤約12分鐘。

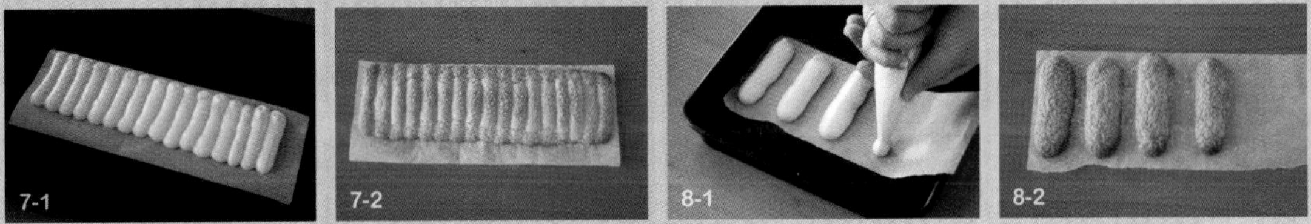

7. 若要製作p.106的「草莓巧克力夏洛特」，請將麵糊擠成拇指餅乾形狀，一個個排列成一長條，然後撒上糖粉，送進烤箱烘烤約10分鐘。
8. 若要製作p.101的「提拉米蘇」，則將麵糊擠成一條一條的拇指餅乾形狀，再撒上糖粉、烘烤10分鐘。由於每個人使用的容器不同，所以請按照自家容器酌量製作。

Note

* 若使用長方形烤盤，麵糊分量可烤出1片蛋糕；若使用正方形烤盤，可烤出2片；若使用圓形切模，可烤出3片。
* 把烤好的蛋糕片用保鮮膜包好，放入保鮮盒中，不用冷藏，維持乾燥即可。長條蛋糕或是拇指餅乾狀蛋糕可以分裝在夾鏈袋中。保存期限為一週內。

常備 甜點醬 ❶

糖煮桃子

1份

〔材料〕

桃子	4顆
水	500g
砂糖	120g
白酒	50g
新鮮檸檬榨汁	1顆
月桂葉	1片
香草豆莢	1/4根

〔工具〕

鍋子

〔作法〕

1. 先在桃子表面劃上十字，再以熱水川燙，可輕鬆去掉外皮。
2. 將去了皮的桃子放入鍋裡，加上水、砂糖、白酒、一顆檸檬的汁和月桂葉、香草豆莢，開火加熱。
3. 沸騰後調整為中小火，鍋子不可太小，以桃子能滾動為準，一邊過濾雜質一邊熬煮約五分鐘後，蓋上一層烘焙紙，靜置冷卻。
4. 冷卻後放入冰箱冷藏，約可保存3～5天。

Note

＊ 糖煮桃子不論是作為裝飾，或是夾心內餡，或是直接食用，都很好吃。

常備 甜點醬 ❷

馬斯卡彭乳酪餡

1份

〔材料〕

馬斯卡彭乳酪	250g
蛋黃	3個
酒	10g
砂糖	15g＋40g
蛋白	2個
六分發鮮奶油	150g

〔工具〕

攪拌盆
攪拌器
耐熱刮刀

〔作法〕

1. 先將馬斯卡彭乳酪攪拌成乳霜狀。
2. 把蛋黃、酒和15g的糖放入攪拌盆中，打發成濃稠狀備用。
3. 將蛋白打發，分三次加入40g的糖，直到用攪拌棒舀起呈尖角。
4. 依序將步驟2蛋黃醬、步驟3蛋白霜，以及150g打至六分發的鮮奶油拌入步驟1即完成。

Note

＊ 因為含有蛋，請在2～3日內食用完畢喔。除了本章p.101的提拉米蘇，還可變化做成p.116的提拉米蘇千層，和p.136的提拉米蘇trifle。

變化甜點 ❶

提拉米蘇

1～10人份

（視容器大小而定）

自家做的提拉米蘇用料大方，層層堆疊，好酒、好咖啡一次上場！怎麼吃都好好吃！

〔材料〕

拇指分蛋海綿蛋糕	適量
手沖咖啡	80g
威士忌	20g
無糖可可粉	適量
馬斯卡彭乳酪餡	1份

〔工具〕

- 有深度的容器
- 耐熱刮刀
- 刷子
- 擠花袋
- 圓形花嘴

〔作法〕

1. 準備一個適當深度的容器，將拇指蛋糕整齊排列於容器底部，刷上咖啡和酒的混合液。

2. 鋪上適量馬斯卡彭乳酪餡，再疊上一層拇指蛋糕，刷上咖啡和酒的混合液。重複相同步驟，直到容器填滿。然後蓋上保鮮膜，放入冰箱冷藏至少4小時。

3. 將剩下馬斯卡彭乳酪餡裝入擠花袋，在提拉米蘇表面擠出圓球。最後撒上無糖可可粉裝飾即可上桌。

法式無花果蛋糕

4人份

變化 甜點 ❷

清爽的蛋糕體搭配最近大受歡迎、台灣又生長得好好的無花果，爽口的滋味帶點蜜香，讓表面義式蛋白霜的甜有了微妙的調合效果。

〔材料〕

6吋分蛋海綿蛋糕	3片
A 蜂蜜酸奶鮮奶油香緹	230g
鮮奶油	180g
蜂蜜	18g
自製法式酸奶油	50g
（請參考p.10）	

B 義式蛋白霜	適量
砂糖	196g
水	48g
蛋白	80g
新鮮無花果	適量

〔工具〕

- 攪拌盆
- 攪拌器
- 耐熱刮刀
- 單手鍋
- 6吋圓形切模
- 噴槍

〔作法〕

Ⓐ 蜂蜜酸奶鮮奶油香緹

將鮮奶油180g加入18g蜂蜜打發，再拌入約50g的自製法式酸奶油備用。

A1

A2

A3

Ⓑ 義式蛋白霜

1. 將蛋白放入攪拌盆中，攪拌至泛白、蓬鬆。
2. 將糖和水煮至濃稠，直到用湯匙舀一勺糖放入冰水中，可以凝結的狀態。
3. 接著用攪拌器高速打發步驟1，同時加入步驟2，直到打成有光澤並且能夠直立尖角、有彈性的蛋白。

B1

B2

B3-1

B3-2

組合

❶ 在出爐的海綿蛋糕表面墊上一層烘焙紙後，翻面、撕去底紙，放涼備用。如果是事先烤好的海綿蛋糕，則取出即可使用，不需再加熱。

❷ 準備一個6吋的蛋糕底板，底板上放上圈模，再放入一片蛋糕片。

❸ 將切片無花果沿著圈模排成一圈，再加入適量的無花果切塊和適量的蜂蜜酸奶鮮奶油香緹，再蓋上一層蛋糕片，稍微壓一下。重複相同步驟完成兩層夾心，然後把蛋糕放入冷凍約20分鐘定型。

❹ 將蛋糕取出、脫模，再抹上義式蛋白霜，並用噴槍炙燒，最後裝飾上無花果即完成。

組合1-1

組合1-2

組合2

組合3-1

組合3-2

組合3-3

組合3-4

組合4-1

組合4-2

組合4-3

組合4-4

Note
＊ 多餘的義式蛋白霜可以烤成蛋白糖做裝飾 （請參考p.142）。
＊ 請注意，無花果大小不規則，請自行斟酌切片的形狀來做排邊。

變化 甜點❸

桂花抹茶卡士達脆皮蛋糕捲

4～6人份

試著把樸實的麵糊做一些變化，增加了翠綠的抹茶色，立刻讓人眼睛一亮。

〔材料〕

✦分蛋海綿蛋糕麵糊	1份
✦抹茶卡士達醬	2份（參考p.13）
✦Ⓐ桂花釀鮮奶油香緹	
桂花蜜	12g
鮮奶油	120g

〔工具〕

✦正方形烤盤（22cm×22cm）
✦烘焙紙 ✦抹刀 ✦擀麵棍
✦攪拌盆 ✦攪拌器
✦擠花袋 ✦圓形花嘴

〔作法〕

1. 參考p.98完成麵糊，接著分成兩份，其中一份伴入用熱水泡開的抹茶粉。
2. 將兩種麵糊交叉擠入鋪了烘焙紙的烤盤中，做出雙色的效果。接著在麵糊表面撒上糖粉（分量外），放入預熱至190度的烤箱，烘烤約12分鐘。

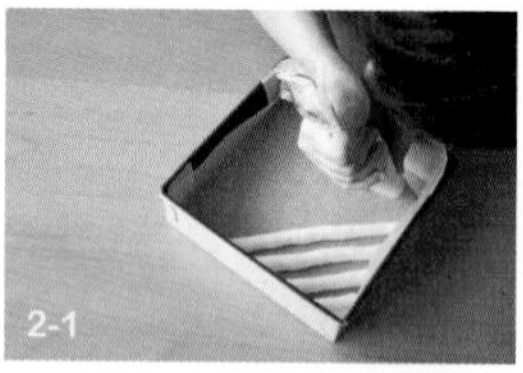

3. 在出爐的海綿蛋糕表面墊上一層烘焙紙後，翻面、撕去底紙，放涼備用。
4. 在蛋糕捲的中央抹上抹茶卡士達醬；兩側則抹上Ⓐ桂花釀鮮奶油香緹（將鮮奶油打至九分發，再拌入桂花蜜）。
5. 像捲壽司般將蛋糕捲起，放入冰箱定型約20分鐘。
6. 將冷藏後的蛋糕捲取出，頭尾修平整，接著在蛋糕捲表面用圓形花嘴擠上抹茶卡士達醬，再點綴上桂花蜜，即可上桌。

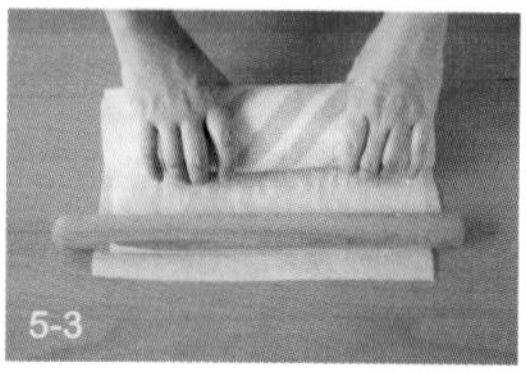

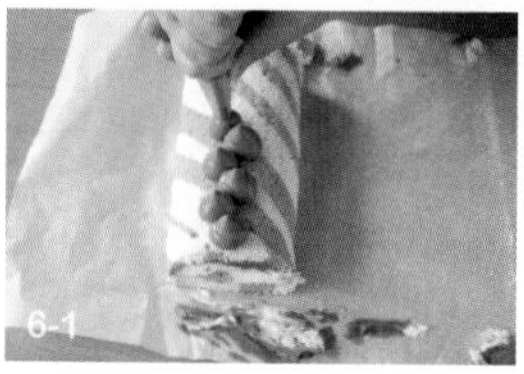

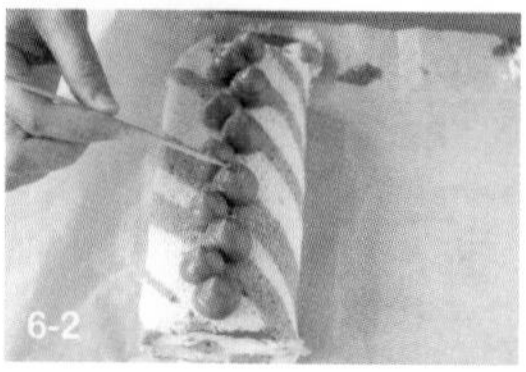

變化甜點 ❹

草莓巧克力夏洛特

4人份

煮婦偶爾也會有少女心大噴發的時候，尤其是現在肚子裡有一個女娃兒，媽媽不免會想一款適合女孩生日派對的甜點，繫著粉色的緞帶，有著繽紛的莓果，白裡透粉的女孩世界，即將到來。

〔工具〕

- 6吋圓形切模
- 單手鍋
- 烘焙紙
- 耐熱刮刀
- 攪拌器
- 攪拌盆
- 擠花袋
- Saint-hanoré花嘴

〔材料〕

A 杏仁塔皮1/3份（請參考PART 3常備半成品）

分蛋海綿蛋糕	1條

B 草莓生乳酪	1份
奶油乳酪	250g
草莓泥或草莓塊	30g
鮮奶	70g
蛋黃	3個
砂糖	55g
吉利丁	3片

C 草莓巧克力甘納許	1份
草莓巧克力	40g
鮮奶油	20g
D 草莓巧克力鮮奶油香緹	1份
鮮奶油	100g
草莓巧克力甘納許	20g
七分發鮮奶油	100g
新鮮草莓	適量（切塊）

〔作法〕

A 烘烤塔皮

先將塔皮擀成圓片狀，用6吋圓形切模切割後，在底部戳洞，放入預熱至175度的烤箱，烘烤約17分鐘上色，出爐後放涼。

A1

A2

A3

A4

B 草莓生乳酪

將奶油乳酪、鮮奶、糖放入鍋中，以中小火加熱，攪拌均勻。接著加入蛋黃並快速攪拌均勻，再加入草莓泥（或草莓塊）和泡軟的吉利丁片，攪拌均勻，放涼備用（怕攪拌不均勻的話，可以最後用手持攪拌器打均勻）。

B1

B2

B3

B4

B5

C 草莓巧克力甘納許

將草莓巧克力和鮮奶油放入容器中，以隔水加熱的方式，用刮刀攪拌至均勻、滑順。

D 草莓巧克力鮮奶油香緹

將鮮奶油打發後，用刮刀拌入部分草莓巧克力甘納許。

C

D

組合

1. 將烤好的海綿蛋糕片的其中一端修平，接著在另一端塗上草莓巧克力甘納許，先稍微冷凍定型。取出後圍在圓模內緣，再按個人喜好在塔底放置新鮮草莓塊。
2. 將放涼的草莓生乳酪拌入打至七分發的鮮奶油，再倒入模具內，放入冷凍庫冷凍定型約30分鐘。
3. 取出、脫模，在海綿蛋糕外部綁上緞帶，並在表面裝飾草莓巧克力鮮奶油香緹和新鮮草莓即完成。

組合1-1

組合1-2

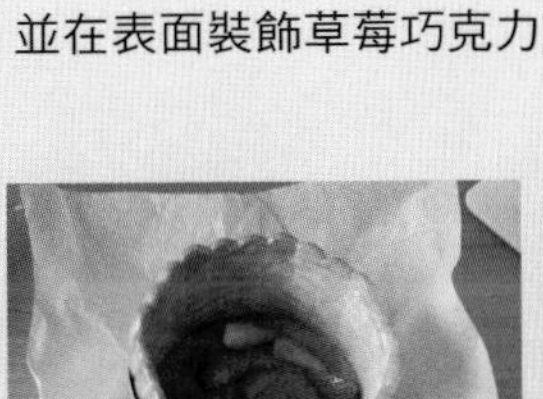
組合1-3

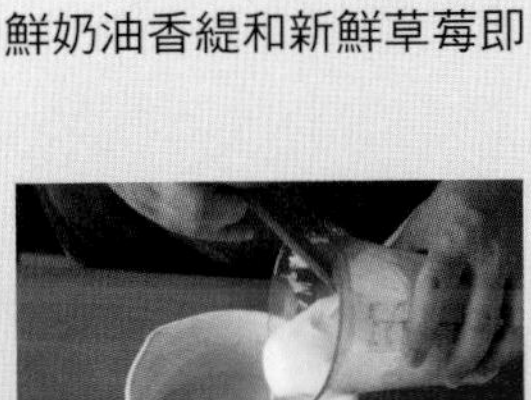
組合2-1

組合2-2

組合3-1

組合3-2

組合3-3

白酒甜桃脆皮生乳捲

6~8人份

〔工具〕

- 攪拌盆
- 攪拌器
- 烘焙紙
- 抹刀
- 擀麵棍

變化 甜點 5

如果不喜歡新鮮桃子捲在蛋糕裡的清脆感，可以試試這款以糖煮白桃做成，口感香軟細緻的蛋糕捲，清爽不甜膩，擄獲許多人的心喔！

〔材料〕

正方形分蛋海綿蛋糕	1片
糖煮桃子	1顆
A 白酒香草鮮奶油香緹	
白酒	10g
香草豆莢	1/3根
鮮奶油	140g

〔作法〕

1. 在出爐的海綿蛋糕表面墊上一層烘焙紙，然後翻面，撕去底紙，放涼備用。如果是事先烤好的海綿蛋糕，則取出即可使用，不需再加熱。

2. 將 A 白酒香草鮮奶油香緹（全部材料一起打到七分發）抹在海綿蛋糕上，靠近自己的那一端比較厚，愈往外愈薄。然後在靠近自己那一端（厚的）整齊擺放切大塊的糖煮桃子。

3. 利用擀麵棍，像竹簾捲壽司一樣，將蛋糕捲起後，放進冰箱冷藏定型約20分鐘。

4. 取出蛋糕捲，將頭尾修平整，再裝飾一些香緹及糖煮白桃，即可上桌。

Part Seven

好做又好吃的可麗餅

- 焦糖香蕉莓果可麗餅 ✦
- 雞肉酪梨玉米沙拉嘉蕾特 ✦
- 提拉米蘇口味千層 ✦

常備 半成品

基本可麗餅麵糊

這個從布列塔尼發源的片餅，還真是香！記得小時候在師大路或是夜市到處可見可麗餅攤販，賣的是脆的、錐形的可麗餅，把各種鹹鹹甜甜的料包裹在這三角形薄餅裡，拿著吃，好不新奇！但是到了法國之後，才知道原來可麗餅不是脆的呀！在市集上吃到現做的可麗餅小攤，就是單純地撒上白糖和草莓利口酒，那種香甜溫暖的滋味，是一直縈繞我心頭的簡單美味。

〔材料〕

奶油	45g
鮮奶	360g
全蛋	3個
中筋麵粉	180g
砂糖	53g
鹽	1小撮

〔工具〕

- 攪拌盆
- 打蛋器
- 單手鍋

〔作法〕

1. 將奶油加熱至褐色或融化即可，離火備用。再將鮮奶加熱至70度，離火備用。

2. 將麵粉、糖和鹽倒入攪拌盆內，以打蛋器稍微攪拌均勻，並在粉堆中間挖出一個小洞，把蛋打進去，再用打蛋器輕輕快速地攪拌，以免粉類結塊。

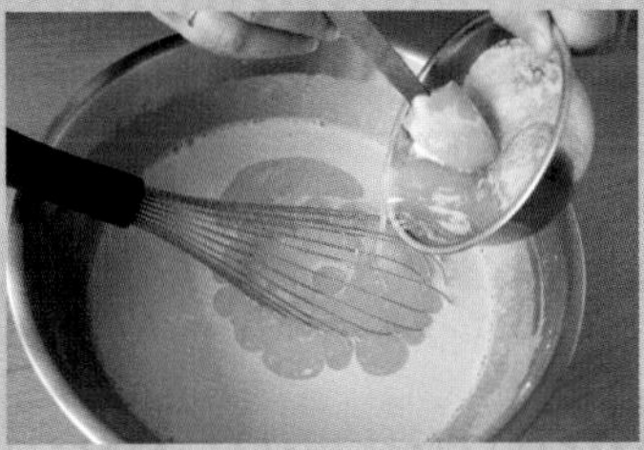

3. 一匙一匙地加入溫熱鮮奶，攪拌均勻。再把融化的焦香奶油倒入，小心地從圓心往外攪拌均勻。將完成的麵糊放涼，再放進冰箱冷藏一個晚上。

Note

＊ 可麗餅麵糊請冷藏保存，並在3天內食用完畢。

變化 甜點❶

焦糖香蕉莓果可麗餅

2人份

焦糖香蕉的美味讓人難以抵擋，這道又肥又軟又香的點心，很適合用來犒賞自己一天的疲憊。夾著焦糖香蕉的薄餅和滿滿的焦糖，以及半融化的鮮奶油，真是令人食指大動！

〔材料〕

- 煎好的可麗餅皮　6張
- 香蕉　4根（切片）
- 砂糖　60g
- 水　15g
- 奶油　少許
- 白蘭地　適量
- 新鮮莓果　適量
- 香草鮮奶油香緹　適量（請參考p.138）

〔工具〕

- 20cm平底鍋

〔作法〕

1. 取一個平底鍋，先把水和糖倒入鍋中，煮成焦糖。接著把切片香蕉加入，再加入一點奶油，煎香蕉至焦糖色且微軟的狀態，再淋少許白蘭地，起鍋放涼。

1-1

1-2

1-3

1-4

2-1

2-2

2-3

2. 用平底鍋以小火融化奶油，吸去多餘油脂。用湯杓舀一匙麵糊，從鍋子的中心點慢慢倒入，形成一個圓片。煎到上色後翻面，另一面也煎到上色即可起鍋。重複相同步驟，煎出6張可麗餅皮。

3-1

3-2

3-3

4

3. 把可麗餅一半鋪上步驟1的焦糖香蕉及新鮮莓果，再將另一半餅皮蓋上、對折。
4. 點綴上焦糖香蕉、莓果和香草鮮奶油香緹，即完成。

變化 鹹點❷

雞肉酪梨玉米沙拉嘉蕾特

3人份

雖然是一樣的餅皮，但法國人將鹹味的可麗餅稱為嘉蕾特（Galette）。甚至有些相同成分的料理，因為包捲方式、調味作法不同，而有另外的名字。當然，也有人直接稱鹹可麗餅。這是一款經典且材料容易取得的鹹味料理，可以用來當早午餐，甚至是午餐來享用，都別有一番風味！

〔材料〕

- 煎好的可麗餅 6張
- 酪梨 1顆（去皮、去籽、切片）
- 煮熟甜玉米 2根
- 綜合生菜葉 適量
- 新鮮檸檬榨汁 1/2顆
- 去骨雞腿肉 1片
- 橄欖油 適量
- 鹽 適量
- 帕梅森乳酪 適量

〔工具〕

- 20cm平底鍋
- 攪拌盆

〔作法〕

1. 先將雞腿川燙好（也可用煎的），撕成雞絲，放入攪拌盆中。再加入切好的酪梨片、切下來的玉米粒，以及生菜葉，淋上檸檬汁、橄欖油和鹽，翻拌均勻。

1-1

1-2

2. 依照p.112的作法，煎出6張可麗餅皮。

2-1

2-2

2-3

3-1

3-2

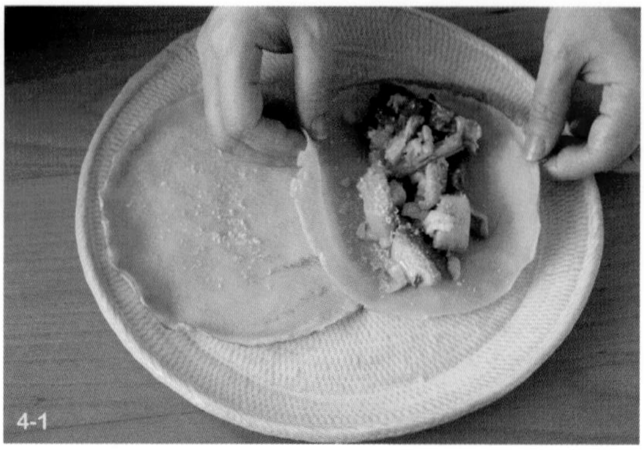
4-1

4-2

3. 將可麗餅皮攤平，撒上帕梅森乳酪，中間鋪上拌好的餡料。
4. 把餅皮從兩側往中間捲起，最後在捲餅上再撒一些拌好的酪梨雞肉沙拉，以及乳酪即完成。

變化 甜點 ❸

提拉米蘇千層

4～6人份

所謂常備點心的最高境界應該是餡料可以通用，一種材料有多樣變化。將可麗餅抹上提拉米蘇的乳酪餡，再一層層疊起來，就可以變化出另一種別具特色又口感溼潤的甜點！

Note

＊ 如果手邊沒有保存的馬斯卡彭乳酪餡，要重新製作的話，材料除了打發鮮奶油的部分之外，其餘都減半。

〔材料〕

煎好的可麗餅皮	20張
馬斯卡彭乳酪餡	半份（參考p.100）
無糖可可粉	適量
手沖咖啡	80g
威士忌	20g

〔工具〕

- 抹刀 ✦刷子
- 蛋糕底板
- 20cm平底鍋

〔作法〕

1. 依照p.112的作法，煎出20張可麗餅皮。
2. 蛋糕底板上鋪一片餅皮，先刷一層咖啡和酒混合液，再抹上馬斯卡彭乳酪餡，接著蓋上一層餅皮。如此重複相同步驟，將20張餅皮用完。

3. 在千層提拉米蘇表面刷一層咖啡和酒混合液，再整體抹上馬斯卡彭乳酪餡，最後撒上無糖可可粉裝飾。放入冰箱冷藏至少4小時，即可切片食用。上桌前裝飾少許焦糖醬（分量外）風味更佳。

Part Eight

甜而不膩的百搭蜜紅豆

- 紅豆抹茶磅蛋糕 ✦
- 抹茶蜜紅豆司康 ✦
- 抹茶紅豆甜麵包 ✦
- 紅豆貝果 ✦
- 手作蜜紅豆年糕 ✦

常備 半成品

自製蜜紅豆

使用有機紅豆製作的自家蜜紅豆甜而不膩，溼潤不乾澀，很適合做成許多家庭甜點或早餐，一家子享用！

〔材料〕

紅豆	250g
三溫糖	250g

〔工具〕

夾鏈袋 炒鍋 電鍋

〔作法〕

1. 將紅豆洗淨，放入夾鏈袋，放進冷凍庫，冰凍一晚。

2. 把冷凍的紅豆加5杯水放入電鍋內鍋，外鍋加1杯水，按下電鍋。電鍋跳起後，再加1杯水，繼續蒸，如此反覆跳三次，把紅豆煮軟。

3. 把煮軟的紅豆放入炒鍋，加入三溫糖拌炒，直到收汁。

Note

* 蜜紅豆請用夾鏈袋或是保鮮盒分裝、冷藏，並在一週內吃完。如果一次做太多，或是擔心一週內吃不完的話，可以冰在冷凍庫，要使用之前再取出退冰。

常備 甜點醬❶

1份

蜜紅豆馬斯卡彭乳霜

〔材料〕

蜜紅豆	100g
馬斯卡彭乳酪餡（請參考p.100）	100g

〔工具〕

攪拌盆

耐熱刮刀

〔作法〕

1. 將材料全部放進攪拌盆，攪拌均勻即可。

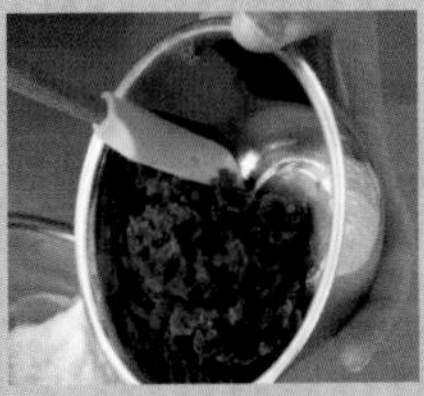

Note

＊ 這道甜點醬可冷藏保存2～3天，吃起來有點像是紅豆冰棒的味道，不僅可以用來裝飾，也可以當作餡料或是抹醬，非常好用。

＊ 材料分量可自行調整，只要是1：1即可。

常備 甜點醬❷

糖煮藍莓

1份

〔材料〕

新鮮芋頭切塊	130g
無鹽奶油	30g
砂糖	40g
鮮奶油	30g

〔工具〕

攪拌器

電鍋

〔作法〕

1. 將新鮮芋頭蒸熟後，趁熱加入無鹽奶油、砂糖以及鮮奶油，用攪拌器打成泥狀。

Note

＊ 這兩道甜點醬都可以用來當作紅豆貝果（p.127）的抹醬，或是將抹茶卡士達醬（p.13）抹在貝果上也很美味。

變化 甜點 ❶

紅豆抹茶磅蛋糕

4～6人份

秋天的滋味，搭配安定心神的色調，再來一壺剛砌好的紅茶，這滋味舒緩溫柔，像是好久不見的老朋友，在這時節重聚、敘舊。

〔材料〕

室溫無鹽奶油	100g	無鋁泡打粉	1小匙
三溫糖	80g	鮮奶	15g
全蛋	2個	抹茶粉	8g
低筋麵粉	100g	蜜紅豆	80g

〔工具〕

- 攪拌盆
- 攪拌器
- 過篩器
- 耐熱刮刀
- 長形烤模
- 烘焙紙
- 擠花袋

〔作法〕

1. 將室溫軟化的奶油和三溫糖打發。接著把2顆雞蛋打散，一次一點地加入，攪拌均勻。
2. 把低筋麵粉和無鋁泡打粉混合過篩，拌入麵糊，再加入鮮奶，攪拌均勻。
3. 將麵糊分成兩份，一份加入抹茶粉，攪拌均勻；另一份加入蜜紅豆，用刮刀攪拌均勻。

1-1

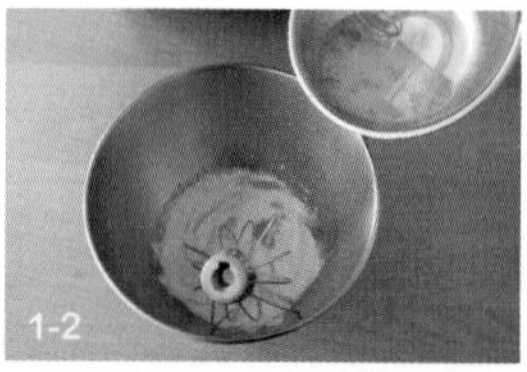
1-2

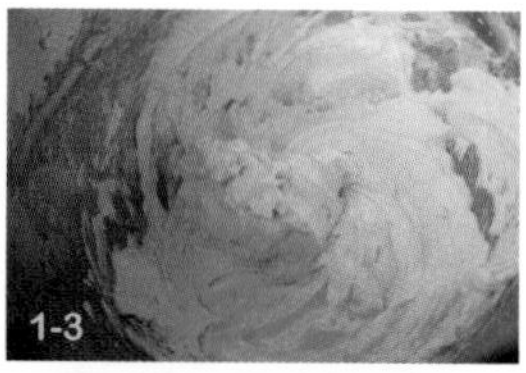
1-3

2-1

2-2

3-1

3-2

3-3

4-1

4-2

4-3

5-1

5-2

4. 把兩種麵糊分別裝進擠花袋，擠入長條形的烤模內（事先鋪烘焙紙），形成分層雙色麵糊。
5. 放入預熱至180度的烤箱，烘烤約35分鐘，出爐放涼、脫模、裝飾蜜紅豆馬斯卡彭乳霜即完成。

抹茶蜜紅豆司康

3～4人份

變化 甜點 ❷

司康是一道可以快速完成的點心，也可以當作早餐，市售司康的口味不見得每個人都喜歡，蜜紅豆搭配抹茶十分對味，趕快動手做做看吧！

〔材料〕

中筋麵粉	200g	冰無鹽奶油	30g（切小方塊）
抹茶粉	5g	全蛋	1個
砂糖	36g	鮮奶	80g
無鋁泡打粉	1.5匙	蜜紅豆	40g

〔工具〕

攪拌盆　刷子　打蛋器　迷你圓形切模

〔作法〕

1. 把中筋麵粉、抹茶粉、無鋁泡打粉和糖放入攪拌盆中，混合均勻。
2. 加入切成小方塊的冰奶油，用手把兩者混合搓成沙子狀。
3. 在沙子狀的粉料中間做出小凹槽，加入蛋和鮮奶之後捏和成團。

1

2-1

2-2

3-1

3-2

4-1

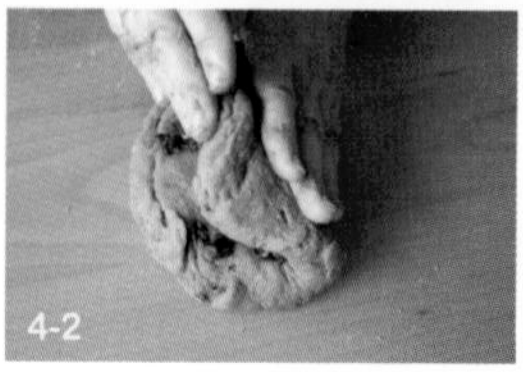
4-2

4-3

4-4

4. 把蜜紅豆撒在麵糰上，折疊後用圓形切模切割成6～8個圓麵糰。
5. 將圓麵糰（司康）放上烤盤，在表面塗上適量的鮮奶油和蛋黃混合液（分量外），並撒上少許的鹽。放入預熱至180度的烤箱，烘烤15～20分鐘，出爐即完成。

5-1

5-2

變化 甜點 ❸

抹茶紅豆甜麵包

4~8人份

即使現在麵包的口味愈來愈多樣，我去麵包店還是習慣嘗試店家販售的紅豆麵包（基本款愛好者），沒想到這個習慣也影響到小孩，所以家裡餐桌上如果出現這款麵包，小孩是絕對不會錯過的！

〔材料〕

- 高筋麵粉 200g
- 抹茶粉 5g
- 三溫糖 20g
- 鹽 3g
- 新鮮酵母 10g
- 鮮奶 120g
- 全蛋 1/2個（打散）
- 奶油 20g
- 蜜紅豆 280g

〔工具〕

- 攪拌盆
- 攪拌器
- 過篩器
- 保鮮膜
- 擀麵棍

〔作法〕

1. 把新鮮酵母放入鮮奶中溶化成酵母液。
2. 高筋麵粉和抹茶粉過篩，放入攪拌盆中，並將所有材料（除了奶油和蜜紅豆以外）加入，攪拌至出筋成團，再加入奶油，攪打成柔軟的麵糰。
3. 將完成的麵糰放在攪拌盆中，蓋上保鮮膜，放在溫暖的地方做第一次的發酵，約1小時。待麵糰發酵至兩倍大時取出，捶出空氣。
4. 將麵糰秤重，平均切割成8份，整型成圓形，再做第二次發酵，約10分鐘。接著將蜜紅豆秤重，平均分成8份，並搓揉成圓球狀。

1

2-1

2-2

2-3

2-4

3-1

3-2

4-1

4-2

5-1

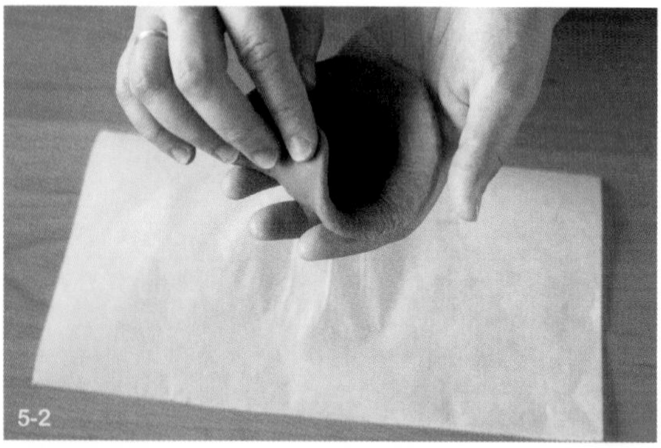

5-2

5-3

5-4

5. 把所有圓麵糰擀成圓片，包入蜜紅豆球，收口捏緊、朝下放在烤盤上，做第三次發酵。

6-1

6-2

6-3

6. 待麵糰發酵至兩倍大之後，在表面塗上蛋汁，沾一點黑芝麻（分量外），放入預熱至180度的烤箱，烘烤約15分鐘，出爐後烙上喜歡的圖案即完成。

變化 甜點❹

紅豆貝果

6人份

貝果是我很愛做的一種麵包，它的搭配性高，油脂單純、甜度不高，很適合跟常備甜點醬配搭。有時候吃膩了複雜的口味，就試試貝果吧！搭配奶油乳酪或是湯品也很適合！

〔材料〕

- 高筋麵粉 350g
- 低筋麵粉 50g
- 新鮮酵母 20g
- 砂糖 20g
- 鹽 5g
- 橄欖油 30g
- 水 170g
- 蜜紅豆 90g
- 燙貝果的糖水
  - 水 1000g
  - 砂糖 50g

〔工具〕

- 攪拌盆
- 擀麵棍
- 保鮮膜
- 烘焙紙
- 鍋子

〔作法〕

1. 將新鮮酵母溶於水中，做成酵母液。再把粉類、砂糖、鹽、橄欖油和酵母液、蜜紅豆放入攪拌盆，攪拌至出筋成團。
2. 將麵糰秤重，平均分成6個麵糰，並整型成圓形。蓋上保鮮膜，放置在溫暖的地方，做第一次發酵，約25分鐘。

1-1

1-2

1-3

1-4

2-1

2-2

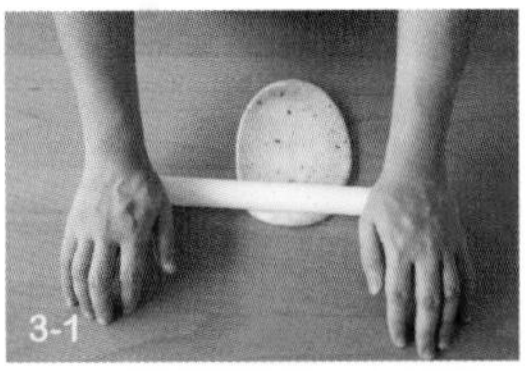
3-1

3-2

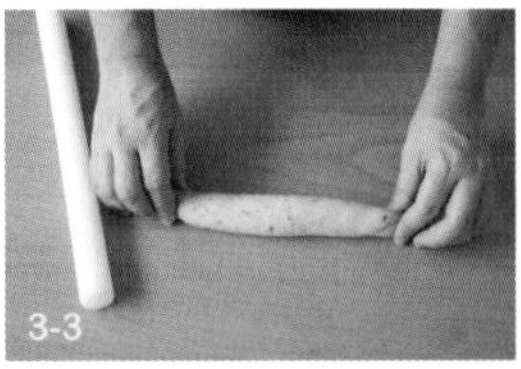
3-3

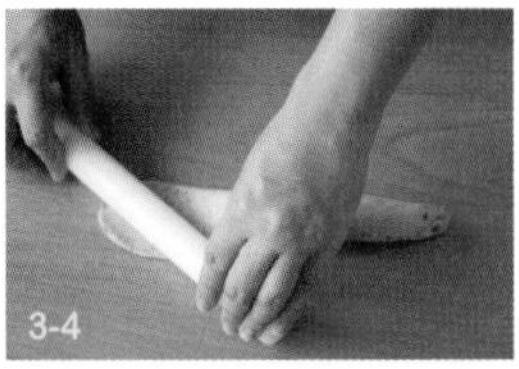
3-4

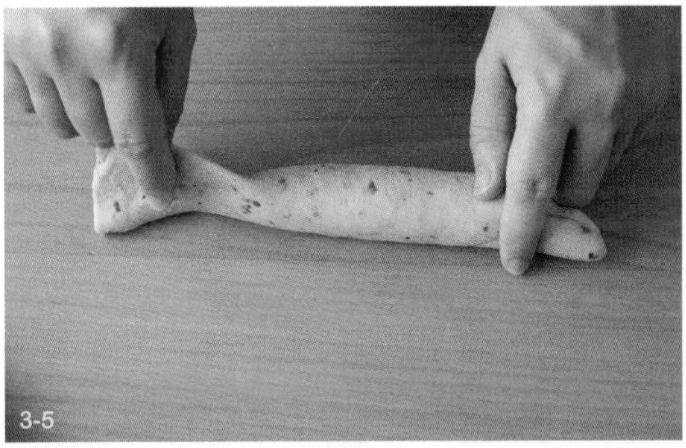
3-5

3-6

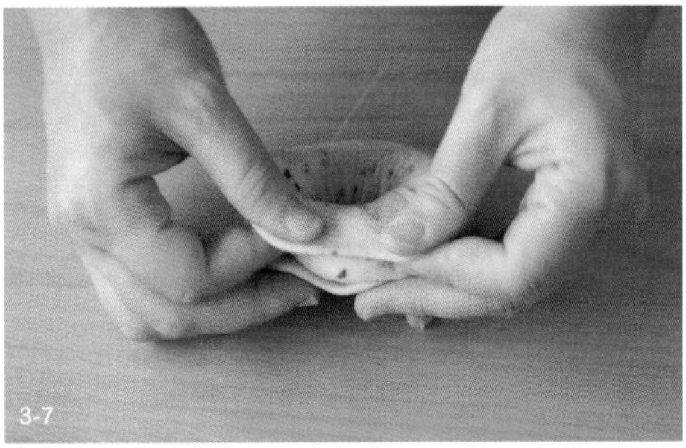
3-7

3-8

3. 將完成第一次發酵的麵糰擀成橢圓形，再橫向捲成條狀，並將麵糰左端搓得稍微細一點，右端則以擀麵棍擀平。接著開口朝下，用麵糰右端包裹住左端，捏緊收口，做成圈圈狀。

4. 完成的貝果麵糰下方墊一層烘焙紙（以免沾黏），再放到烤盤上，蓋上保鮮膜做第二次發酵，約35分鐘。

5. 準備好燙貝果的糖水，將發酵完成的貝果正反兩面各燙30秒後，放回烤盤上，放入預熱至200度的烤箱，烘烤約20分鐘，出爐即完成。

4

5-2

5-1

5-3

5-4

手作蜜紅豆年糕

4～6人份

變化甜點❺

沒想到自己做年糕這麼簡單！分量也可以按照家裡人口數增減。我以往買市售年糕都吃不完，學會自己做之後，少吃滋味多，反而更回味無窮。

〔材料〕

- 糯米粉 200g
- 鮮奶 180g
- 三溫糖 150g
- 蜜紅豆 200g

〔工具〕

- 單手鍋
- 電鍋
- 6吋圓模
- 烘焙紙

Note

＊ 在蒸煮過程中，為了防止水滴落，可以在年糕上蓋一層烘焙紙，但注意不要觸碰到年糕表面。

〔作法〕

1. 先將鮮奶加熱，並加入三溫糖攪拌融化後，放涼備用。

2. 把糯米粉倒入放涼的奶漿，攪拌成濃稠的生粉漿，再拌入蜜紅豆。

3. 在圓模中鋪上烘焙紙，把生粉漿倒入，用電鍋蒸大約一個小時。然後用竹籤插入年糕，看看有沒有沾黏生粉漿，若沒有就蒸好了。在完成的年糕表面輕刷一層食用油，可以防乾燥。等年糕冷卻後即可食用。

Part Nine

剩材變身 好看的杯子甜點trifle

剩下的材料怎麼辦？
熱愛烘焙的你一定要知道的剩材變身密技！
所有的美味都集結在一杯裡，
這種英式甜點杯trifle裡裝著滿滿的水果、蛋糕和奶油等，相當有食感喔！

- 莓果戚風 trifle ✦
- 蘋果派 trifle ✦
- 提拉米蘇 trifle ✦
- 千層 trifle ✦
- 情人節限定愛心 trifle ✦

莓果戚風 trifle

4人份

變化 甜點 ❶

這是以一層戚風蛋糕、一層奶油、一層水果堆疊而成的美麗甜品！在製作蛋糕的過程中，難免會有失手的時候，蛋糕體下凹或是縮腰等。雖然失敗的蛋糕風味不減，但是看起來總是沒那麼美觀。沒關係，只要換個作法，就能變身成更好看、更美味的點心！

〔材料〕

✦ 做壞的6吋戚風蛋糕	1個
✦ 新鮮莓果	適量
✦ 七分發鮮奶油	適量

〔工具〕

- ✦ 蛋糕刀
- ✦ 圓形切模
- ✦ 高腳玻璃杯
- ✦ 攪拌器

〔作法〕

1. 先把蛋糕切成三片，再用圓形切模壓成一片一片的小圓蛋糕片。

1-1

1-2

1-3

2. 在杯子底層鋪一層打發鮮奶油，再放入一片蛋糕，接著再填入一層打發鮮奶油，撒上新鮮莓果，如此重複幾次，將杯子填滿，就完成莓果戚風trifle！

2-1

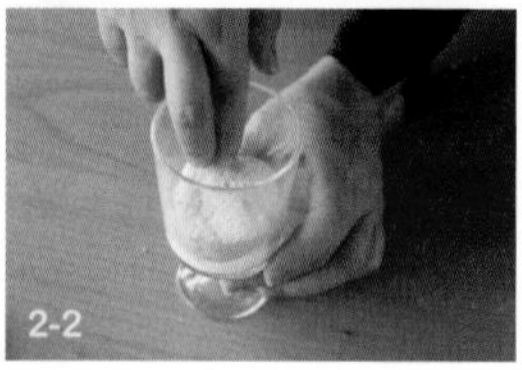
2-2

2-3

2-4

2-5

蘋果派 trifle

4人份

變化 甜點 ❷

花功夫烤了好香好香的蘋果派，最後卻因為脫模失敗，或是盛盤時不小心「翻車」，導致好端端的美味蘋果派慘遭破相（哭）。沒關係，只要把壞掉的蘋果派裝在優雅的杯子裡，就能變身時尚蘋果派trifle！

〔材料〕

翻倒或脫模失敗的蘋果派	1個
焦糖蘋果	適量（請參考p.20）
七分發鮮奶油	適量
黑糖碎粒	少許

〔工具〕

- 圓形切模
- 高腳玻璃杯
- 攪拌器

〔作法〕

1. 用圓形切模把蘋果派切成一個個圓形。

1

2-1

2-2

2-3

2. 先在杯底填一層打發鮮奶油，放上切圓的蘋果派，再填一層打發鮮奶油，如此重複幾次，直到杯子約九分滿。

3-1

3-2

3. 最後在表面裝飾切塊的焦糖蘋果，並點綴少許黑糖碎粒即完成。

變化 甜點❸

提拉米蘇 trifle

4人份

為了避免切壞提拉米蘇的尷尬，不如從一開始就做成一人一杯的提拉米蘇trifle吧！

〔材料〕

分蛋海綿蛋糕片	適量（請參考p.98）
馬斯卡彭乳酪餡	適量（請參考p.100）
新鮮覆盆子	半盒
咖啡酒液（咖啡：酒＝8：2）	適量
無糖可可粉	少許

〔工具〕

- 圓形切模
- 高腳玻璃杯
- 刷子

〔作法〕

1. 用圓形切模將蛋糕壓成一個一個圓形，並塗上咖啡和酒的混合液。

1-1

1-2

2-1

2-2

2-3

2-4

2. 先在杯子內填一層馬斯卡彭乳酪餡，放上圓形蛋糕，接著鋪上新鮮覆盆子，再填入馬斯卡彭乳酪餡，如此重複幾次，直到杯子九分滿。
3. 最後撒上無糖可可粉，裝飾上新鮮覆盆子即完成。

3-1

3-2

變身 甜點❹

千層 trifle

4人份

每次做完酥派，往往會剩下一些形狀不完整的派皮或切邊，丟掉有點浪費，不如把這些邊角料擀成一片，塑形放入杯子甜點中，就是一道令人驚豔的美味！

〔材料〕

✦用剩的生派皮	適量
✦Ⓐ香草鮮奶油香緹	適量
鮮奶油：砂糖	10：1
香草籽	些許
✦綠葡萄和無花果	適量

〔工具〕

- ✦圓形切模
- ✦高腳玻璃杯
- ✦攪拌器
- ✦擠花袋
- ✦圓形花嘴

〔作法〕

1. 把生派皮擀成圓形，參考P.60作法1烤成金黃酥派。出爐後用圓形切模把派皮切成一個個圓形。
2. 先在杯底填一層Ⓐ香草鮮奶油香緹（全部材料一起打至九分發），再放入圓形派皮。

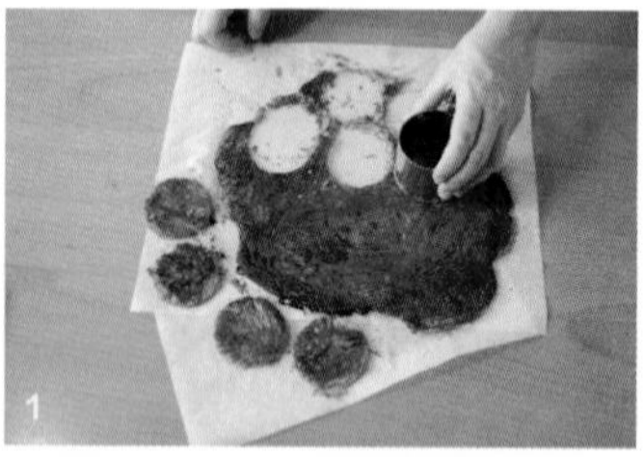
1

2-1

2-2

3. 將Ⓐ香緹裝入擠花袋，搭配圓形花嘴，在杯中擠出圓球狀的奶油，並裝飾水果，接著再放上一片派皮，如此重複幾次，直至杯子填滿，即完成。

3-1

3-2

3-3

3-4

3-5

變身 甜點 ❺

情人節限定愛心trifle

4人份

為了增加情趣，我們也可以在戚風蛋糕的形狀和口味上做變化。這道情人節限定食譜，特別將戚風蛋糕做成平板蛋糕，並且加入覆盆子粉為蛋糕增色。另外還準備了好吃的玫瑰卡士達乳酪餡，搭配無糖原味優格和香草鮮奶油香緹與莓果，用不完的蛋白霜也可以烤成義式蛋白糖來增添視覺美感！

〔材料〕

〔工具〕

- 心形切割膜
- 20cm×20cm烤盤
- 高腳玻璃杯
- 攪拌盆
- 打蛋器
- 單手鍋
- 耐熱刮刀
- 過篩器

Ⓐ 覆盆子平板戚風蛋糕

蛋黃	2個
砂糖	8g
水	27g
油	27g
覆盆子粉	3g
麵粉	40g
蛋白	2個

Ⓑ 玫瑰卡士達乳酪餡

鮮奶	62.5g
砂糖	20g
玫瑰純露	2g
蛋黃	1個
玉米粉	4.5g
香草豆莢	1/3根
奶油乳酪	100g
鮮奶油	42g

Ⓒ 義式蛋白糖

義式蛋白霜適量（請參考p.103）

香草鮮奶油香緹	適量（請參考p.138）
無糖原味優格	適量
新鮮覆盆子	適量

〔作法〕

Ⓐ 覆盆子平板蛋糕

1. 將蛋黃加入糖攪拌均勻後，加入植物油和水，攪拌均勻備用。

A1-1

A1-2

A1-3

A1-4

A2-1

A2-2

2. 把覆盆子粉和麵粉一起過篩，倒入攪拌盆中攪拌均勻。

A3-1

A3-2

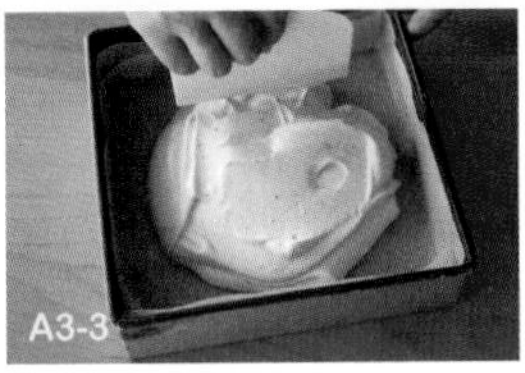
A3-3

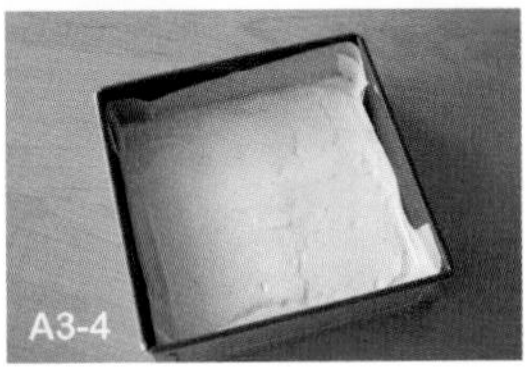
A3-4

A3-5

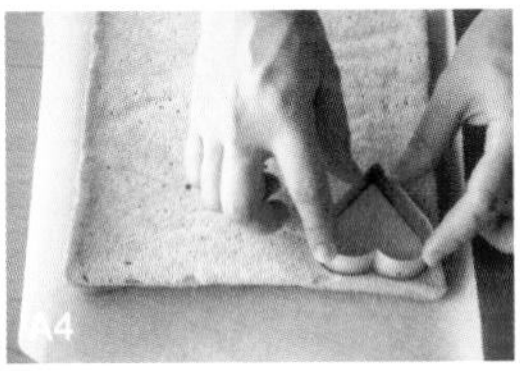
4

3. 打發蛋白到有小彎角的狀態，並且分批和覆盆子麵糊攪拌均勻，接著倒入正方形模具，放入上火160度、下火150度，預熱20分鐘的烤箱，烘烤25分鐘後，出爐翻面備用。
4. 用心形切模把蛋糕切成數片愛心蛋糕備用。若是一次用不完，可以冰凍起來，要用的時候退冰回溫即可。

Ⓑ 玫瑰卡士達乳酪餡

1. 先將一半的糖和蛋黃以及香草籽、玉米粉放入攪拌盆中攪拌均勻。

B1-1

B1-2

B2-1

B2-2

2. 將剩下一半的糖加入鮮奶，以及香草豆莢、玫瑰純露，倒入單手鍋，加熱至快滾。

B3-1

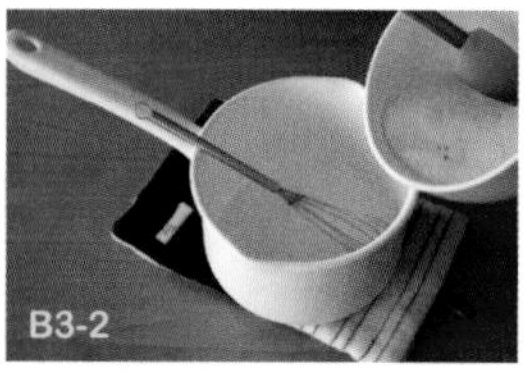
B3-2

B3-3

B3-4

3. 把熱奶漿倒入蛋黃糊中，並快速攪拌均勻，再倒回單手鍋，開小火邊煮邊攪拌，直至濃稠後離火。接著加入奶油乳酪，攪拌至滑順後過篩，最後蓋上一層保鮮膜放涼。
4. 將完成的卡士達乳酪餡拌入打至七分發的鮮奶油，攪拌均勻即可。

B4-1

B4-2

Ⓒ 義式蛋白糖

將用不完的義式蛋白霜裝入擠花袋中，在烤盤上（鋪烘焙紙）擠出喜愛的形狀，並放入預熱至100度的烤箱，烘烤約1小時，出爐後放涼，收納於裝有乾燥劑的保鮮盒中保存。

組合

❶ 在杯子側邊放入心形的覆盆子蛋糕，並且在杯底填入玫瑰卡士達乳酪餡，中間加上一層無糖優格，再填入香草鮮奶油香緹。

組合1-1

組合1-2

❷ 最後放上新鮮覆盆子，再裝飾蛋白糖，撒一些覆盆子粉（分量外）即完成。

組合2-1

組合2-2

特別感謝：Mustikka 藍莓福春、TOMIZ 富澤商店

法式香甜・常備點心：
回溫、加工、裝飾、上桌，8種半成品，變化52道季節×裸感小點

作　　者　陳孝怡
攝　　影　殷正寰
特約編輯　余純菁
責任編輯　賴逸娟
主　　編　林怡君
美術設計　比比司設計工作室
國際版權　吳玲緯、蔡傳宜
行　　銷　艾青荷、蘇莞婷、黃家瑜
業　　務　李再星、陳美燕、杻幸君
編輯總監　劉麗真
總 經 理　陳逸瑛
發 行 人　涂玉雲
出　　版　麥田出版
台北市中山區 104 民生東路二段 141 號 5 樓
電話：02-2500-7696　傳真：02-2500-1966
粉絲專頁：www.facebook.com/RyeField.Cite/
發　　行　英屬蓋曼群島商家庭傳媒股份有限公司城邦分公司
台北市民生東路二段 141 號 11 樓
書虫客服服務專線：02-2500-7718・02-2500-7719
24 小時傳真服務：02-2500-1990・02-2500-1991
服務時間：週一至週五 09:30-12:00・13:30-17:00
郵撥帳號：19863813　戶名：書虫股份有限公司
讀者服務信箱 E-mail：service@readingclub.com.tw
歡迎光臨城邦讀書花園　網址：www.cite.com.tw
香港發行所／城邦（香港）出版集團有限公司
香港灣仔駱克道 193 號東超商業中心 1 樓
電話：852-2508-6231　傳真：852-2578-9337
E-mail：hkcite@biznetvigator.com
馬新發行所／城邦（馬新）出版集團
【Cite(M) Sdn. Bhd.】
地址：41, Jalan Radin Anum, Bandar Baru Sri Petaling,57000 Kuala Lumpur, Malaysia.
電話：603-9057-8822　傳真：603-9057-6622
電郵：cite@cite.com.my
總 經 銷　聯合發行股份有限公司　電話：02-2917-8022　傳真：02-2915-6275

製版印刷　中原造像股份有限公司
初版一刷　2018 年 2 月
定　　價　NT$ 420
ISBN　978-986-344-524-1

國家圖書館出版品預行編目（CIP）資料

法式香甜・常備點心：回溫、加工、裝飾、上桌，8 種半成品，變化 52 道季節 × 裸感小點 / 陳孝怡著. -- 初版. -- 臺北市：麥田，城邦文化出版：家庭傳媒城邦分公司發行，民 107.02
面；　公分
ISBN 978-986-344-524-1（平裝）

1. 點心食譜

427.16　　106022782